如何控制自己的情绪

超级有效的情绪控制术

HOW TO CONTROL YOUR EMOTIONS

张廷伟◎著

中国社会出版社

国家一级出版社 · 全国百佳图书出版单位

图书在版编目（CIP）数据

如何控制自己的情绪 / 张廷伟著 . -- 北京：
中国社会出版社，2017.10（2024.7 重印）
ISBN 978-7-5087-5806-0

Ⅰ.①如 ... Ⅱ.①张 ... Ⅲ.①情绪－自我控制－通俗
读物 Ⅳ.① B842.6-49

中国版本图书馆 CIP 数据核字（2017）第 247491 号

出 版 人：程 伟	终 审 人：王 前
策划编辑：张静波	责任编辑：杜 康
封面设计：尹 帅	责任校对：张永刚

出版发行 中国社会出版社	地 址：北京市西城区二龙路甲 33 号
邮政编码：100032	编 辑 部：(010)58124864
网 址：shcbs.mca.gov.cn	发 行 部：(010)58124863；58124848
经 销：新华书店	

印刷装订：中国电影出版社印刷厂	开 本：170 mm×240 mm 1/16
印 张：14	字 数：200 千字
版 次：2018 年 1 月第 1 版	印 次：2024 年 7 月第 5 次印刷
定 价：45.00 元	

中国社会出版社微信公众号　　　　　中国社会出版社天猫旗舰店

序 言
PREFACE

熟悉楚汉战争的人，很容易对项羽和刘邦产生不同的印象：项羽是一个不能控制自己情绪的人，做事冲动；而刘邦则恰恰相反，他能控制自己的情绪，做事深谋远虑。

楚汉之争历时五年，最后的结果是贵族出身、受过良好教育的项羽，败在了平民出身、从小没受过什么教育的刘邦手中。两千多年来，人们对两人的成败原因众说纷纭，但其中一个原因不容置疑，即两人对情绪的掌控力不同。

心理学上，将这种对情绪的管理能力称为情商。古今中外，那些成功的政治家，无论他们出身如何、受过什么教育，其最后的成功无不建立在高情商这一前提上。刘邦、曹操如此，林肯、奥巴马同样如此。

智商高而情商低的人，事业通常不成功。因为智商只能决定一个人的专业能力，而事业的成功不仅依赖专业知识，还需要良好的人际关系。那些聪明但郁郁不得志的人，都有一个共同的弱点：情商太低，无法与他人建立良好的人际关系。

情商低的人，因为不能控制自己的情绪，最终沦为情绪的奴隶、生活中的失意者。比如，有的人一言不合就与人吵架甚至大打出手；还有的人则自寻烦恼，没事也要想出一堆事来，最终把自己搞得苦闷不已。

这些都是不善于管理自己的情绪，最终导致情绪失控的结果。

很多人不知道情绪控制的重要性，再加上教育的缺失，导致他们一踏入社会，就面临各种不适应。这种不适应主要体现在人际关系上，比如，如何面对同事的冷漠？如何面对领导的批评？如何与朋友保持纯真的友谊？如何处理复杂的家庭关系？

学会控制自己的情绪，才能处理好日常的人际关系，让自己活得更幸福。本书的写作目的，就是教你掌握这其中的方法和技巧。

本书分上、下两篇。上篇介绍情绪控制的技巧和方法，包括做情绪的主人、提高你的情商、让自己看起来像个成功者等。下篇则针对几种常见的负面情绪，如焦虑、愤怒、抱怨、嫉妒、浮躁、厌倦、孤独等，提出具体的解决办法。

与同类书相比，本书的实用性、针对性很强。书中没有晦涩高深的理论，一切围绕每个人都会遇到的情绪问题提出解决办法。阅读本书，你不会浪费哪怕一秒钟的时间！

本书在写作过程中，获得了王晓磊、王范华、苏鹊、张廷知、陈学文等人的帮助和支持。从本书的立项到完成，他们提供了大量的宝贵意见，从某种意义上讲，这是我们通力合作的成果。在此，对他们表示最真诚的谢意。

最后要特别感谢中国社会出版社的张静波老师。他是一位经验丰富、责任心很强的图书编辑，从拿到书稿起，他就以严谨认真的态度负责起本书的出版事宜。在与他的多次沟通中，我深深感受到他对待工作的认真和对人的真诚。在此，对他表示深深的谢意。

目 录
CONTENTS

上 篇　情绪修习术

HOW TO

CONTROL YOUR
EMOTIONS

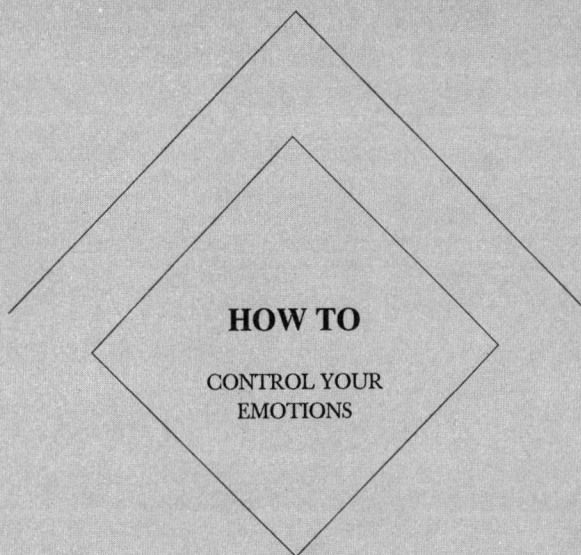

上 篇
情绪修习术

第一章

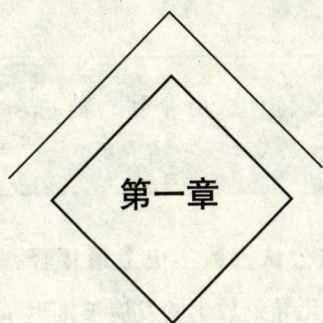

做情绪的主人

让我们产生困扰情绪的，不是事件本身，而是我们对事件产生了不合理的信念。

强者控制情绪，弱者被情绪控制

认识情绪

> 一个人如果能够控制自己的情绪、欲望和恐惧，那他就胜过国王。

法国数学家伽罗华被公认为数学史上最年轻、最有创造力的人物之一。有人甚至认为，他的死导致数学的发展被推迟了几十年。

伽罗华死于一次自杀式的决斗，时年仅 21 岁，原因很可能是情绪失控。

历史显示，伽罗华是一个不善于控制情绪的人。1829—1830 年，伽罗华两次向法国科学院提交自己的研究成果，由于某些原因无果而终。

伽罗华十分恼怒，他写信质问法国科学院：为何如此轻视"小人物"的研究？法国科学院收到信后，赶紧让数学家泊松出面让伽罗华再次提交论文。于是，1831 年，伽罗华第三次提交了论文。但由于主审泊松没有完全看懂，伽罗华的研究成果再次被埋没。

三次提交均无果而终，这让伽罗华情绪恶劣，对人生充满失望。一天，在别人的挑唆下，伽罗华明知不是对手，仍然为了一个医生的女儿和另一个人决斗，结果命丧黄泉。

事实上，伽罗华一直不擅长控制自己的情绪。中学毕业，报考巴黎综合技术学校时，由于主考官不理解他的观点，并且嘲笑他，伽罗华被狂笑声激怒，不顾一切地将黑板擦布扔到主考官头上，结果落选。

现实中，人们很容易被别人的挑衅激怒。一旦愤怒，就会失去理智，诅咒、责骂、搏斗……各种行为接踵而至。

那么，人为什么会愤怒呢？

英国心理学家通过研究发现，人的大脑中负责原始情绪反应的区域，会对侮辱、谩骂这类事情产生活跃反应。这意味着，别人对你的态度越恶劣，你的大脑就会转得越快。反之，如果别人和你意见一致，或者对你态度温和，你的大脑就不会产生强烈的反应。

心理学家认为，大脑的这种过激反应，可能源于人类的生存本能，其目的在于保护自己，特别是在自己的地盘不受伤害。一旦被这种本能的反应控制，人们就会情绪失控。

当然，情绪本身没有好坏之分。事实上，它是一把双刃剑，你能控制它，它就会为你的成功添砖加瓦；反之，不能控制它，它就会给你制造很多麻烦。

因此，无论在生活还是工作中，我们都要学会掌控自己的情绪。很多时候，成功之所以离你远，不是因为你的能力差，而是因为你不能控制自己的情绪。

管理、控制自己情绪的能力，在心理学上称为情商（EQ）。1994年，美国心理学家丹尼尔·戈尔曼出版了《情商》一书，在全球掀起一股情商热。

在戈尔曼看来，情商是决定人生成功与否的关键。根据他的定义，情商主要体现在了解自身情绪、管理情绪、自我激励、识别他人情绪、处理人际关系五个方面的能力。

这五种能力决定了一个人的情商高低。掌握这五种能力，就能主宰人生。相反，驾驭不了情绪的人，如同大海上被狂风巨浪吹打的一叶扁舟，会完全丧失自我。

2006年，德国世界杯决赛场，天才球员齐达内因为没能控制好情绪，在马特拉齐的挑衅下，愤然一头撞向对方，被裁判红牌罚下，给自己辉煌的足球生涯留下了遗憾。事后人们说，齐达内只差一头就完美。

强者控制情绪，弱者被情绪控制。英国伟大诗人约翰·米尔顿说：

"一个人如果能够控制自己的情绪、欲望和恐惧，那他就胜过国王。"

情|绪|修|习|术

强者控制情绪，弱者被情绪控制。要想事业成功、生活幸福，首先要做一个能够控制自己情绪的人。

保持积极的心态

认识情绪

> 人的一生中，总会经历很多磨难。如何面对这些磨难，决定了你人生的厚度。懦弱的人被困难打倒，强大的人则把磨难踩在脚下，将它变成自己成功的资本。

在美国，有一个叫雷·克罗克的人。

他出生那年，恰逢西部淘金热结束，错过一个发大财的时代。中学毕业后，本该继续读大学，又赶上 1929 年经济大萧条，他因为没钱失去了读大学的机会。

后来，他进入房地产业，好不容易打开局面。第二次世界大战爆发，房价急转直下，他又失去经济来源。为了谋生，他不得不四处求职，做过急救车司机、钢琴演奏员和搅拌器推销员。几十年中，命运似乎一直在捉弄他。

虽然屡遭挫折，但雷·克罗克始终对生活保持热情。

1955 年，在外闯荡半生的他回到老家，卖掉家里少得可怜的一份产业开始做生意。这时，他发现迪克·麦当劳和迈克·麦当劳兄弟俩经营的汽车餐厅生意红火。经过观察，他认为这个生意很有前途。当时他已经 52 岁了，却决心从头做起，到这家餐厅打工，学做汉堡包。

后来，他与麦氏兄弟合伙成立了第一家连锁店。再后来，当麦当劳陷入困境时，他又借来200多万美元将其买下，并开始以科学化的管理经营麦当劳。

今天，麦当劳已成为全球最大的速食连锁公司，而雷·克罗克也被誉为汉堡王。

人的一生中，总会经历很多磨难。如何面对这些磨难，决定了你人生的厚度。懦弱的人被困难打倒，强大的人把磨难踩在脚下，将它变成自己成功的资本。

在战胜困难的过程中，每个人都会产生焦虑，会对自己产生怀疑。那么，有什么办法可以减少这种焦虑呢？答案是积极乐观的思考方式。

积极心理学创始人马丁·塞利格曼通过研究证明，乐观的人具有更好的社会道德和社会适应能力，他们能够轻松面对压力和逆境，即使身处最不利的环境，也能应付自如。

塞利格曼从美国大都会人寿保险公司筛选出1100名观察者，对其进行长期跟踪。结果发现，情绪积极的经纪人业绩比情绪消极的经纪人高88%，而后者的离职率是前者的三倍。

要想征服世界，首先要征服自己的悲观。

一串葡萄，有人先拣最好的吃，有人先拣最坏的吃。在一般人看来，第一种人是乐观的，因为他每吃一颗都是最好的。换作是你，会选哪一种吃法呢？

不同的选择反映出一个人的生活态度。你用什么样的目光看世界，世界就以什么样的目光看待你。人有时候只要改变一下自己，就会发现很多乐趣。

就像雷·克罗克屡遭挫折的一生，换作有的人，恐怕早就对生活失去信心。但雷·克罗克凭着对生活的积极心态，在后半生书写了一段辉煌的历史。

当然，无论我们怎样努力，都不可能始终保持乐观的情绪。因为情绪本身是周期性的。有时候，我们需要了解自身的情绪周期并坦然接受自己的情绪。

美国心理学教授罗伯特·塞伊说："我们许多人都仅仅是将自己的情绪变化归之于外界发生的事，却忽视了它们很可能也与你身体内在的'生物节奏'有关。我们吃的食物、健康水平及精力状况，甚至一天中的不同时段都能影响我们的情绪。"

研究发现，每个人都有为期 28 天的情绪周期，它就像一条正弦曲线，循环往复，永不间断。这提醒我们，不要奢望自己永远生活在快乐、兴奋之中，对于偶尔出现的失落、烦闷等情绪不要有排斥心理，而要尊重情绪变化的规律。

事实上，尊重情绪变化的规律，是积极心态和高情商的体现。

|情|绪|修|习|术|

积极心态是黑暗中的一盏明灯。任何时候都要保持积极心态，只要还有希望，就不要放弃努力，人生还有很多机会和幸运等着你。

别在愤怒时做决定

认识情绪

> 人在愤怒时，体内的血液、肌肉、心跳等都在大功率工作，大脑的思考速度会大大降低。这个时候做出的决策，必然是不理性的。

人的决策会受情绪的影响，很多不理智的决定，都是在负面情绪下做出的。所以，要保证决策的理性，就要学会控制自己的情绪。

20 世纪 60 年代，一位才华横溢、曾做过大学校长的人，竞选美国中西部某州议员。

此人知识渊博、精明强干，很有希望胜选。然而，选举期间，有人谣传：几年前，在该州首府举行的一次教育大会上，他跟一位年轻女教师关系暧昧。

这只是对手炮制的一个谎言，目的是激怒该候选人，让他在情绪失控的情况下做出错误决策。

果然，该候选人对谣言非常愤怒，极力为自己辩解。由于按捺不住怒火，在每一次竞选集会上，他都要专门为此辟谣，以证明自己的清白。

结果是越描越黑。此前，大部分选民根本没听说这件事，经他多次解释后，人们越来越倾向于相信真有其事。人们振振有词地反问："如果他是无辜的，为什么要百般为自己狡辩呢？"

这让候选人的脾气变得更坏，他声嘶力竭地在各种场合为自己洗刷，谴责造谣者。到最后，连他太太也开始相信谣言，夫妻关系走到了尽头。

最终，他不仅败选，还搞得妻离子散，从此一蹶不振。

像案例中这位候选人一样，因为气急败坏而做出错误决策，甚至与人大打出手的事情，现实生活中比比皆是。事实上，如果不是因为情绪失控，结局可能完全不同。

施瓦辛格竞选州长时，同样遭到各种刁难和中伤，但他根本不理会，也懒得应对。这反而增加了他在选民中的魅力，并因此赢得了选民的支持和最后的胜利。

人在愤怒时，体内的血液、肌肉、心跳等都在大功率地工作，大脑的思考速度会大大降低。这个时候做出的决策，必然是不理性的。

但这并不意味着，做决策时不能有情绪。相反，任何决策都离不开情绪。因为没有情绪，我们就无法感知周围的世界。

美国一铁路工人就曾遭遇这样的麻烦。1848年，他被一块铁片击穿左下额，尽管幸运地活了下来，且能读能写，但他失去了体验喜怒哀乐的能力。在此后的生活中，他经常做出不理性的决策，行动不规律，而且总是与自己的兴趣相反。

由此可见，情绪对理性思考而言不可或缺。

一般来讲，情绪和理性之间是一种既排斥又相吸的关系。有些特定的工作，甚至要强化情绪的作用。比如银行柜台人员，哪怕心情再糟，也要面带微笑。

理性和非理性的区别，不在于有没有情绪，而在于谁的自制力更强，谁能把情绪关在笼子里，保持适度的唤醒水平。

事实证明，自制力强的人更容易在生活和事业中获得成功，因为他们比自制力弱的人更容易利用情绪。看看你身边的人，然后再反省一下自己，有没有因为不能自制而让很多事情变得更糟，或者丧失了很好的机会？

生活中从来不缺少机会，只是许多人因为不够冷静而总是与之擦肩而过。

比如，领导批评你是因为恨铁不成钢，而你却因为顶撞上司失去晋升的机会；你因为一点小事与客户争吵，结果失去了订单；你忍不住嘲笑同事，结果失去了同事的支持。

当你因为不够冷静而陷入被动时，你的情绪会变得更糟，最终陷入恶性循环，不能自拔。所以，我们一定要时刻保持冷静，明是非、知进退，力争把坏事变成好事。

|情|绪|修|习|术|

成功需要不断做出正确的决策，而失败只需要一个坏情绪导致的不理性决策。从今天开始，要学会控制情绪，避免因为坏情绪而做出错误决策。

不要为小事抓狂

认识情绪

> 一件事，想通了就是天堂，想不通就是地狱。

人生不如意十之八九。遇到不称心的事，任其肆虐心灵，就会丧失意志和勇气。此时，最好的策略是放下。只要你放下了，不计较，就不会有痛苦。

听朋友讲过一个故事。

前不久，他的邻居搬走了，空出来的房子因为没人管，在暴雨的冲刷下，院墙的地基塌陷，倒在朋友的院子里，把他的一棵石榴树砸得残枝断叶、面目全非。

朋友很恼火，打电话让邻居回来处理。邻居满口答应，可过了一周也没回来。朋友天天被这件事折磨。他的老婆看不下去，骂了他一句：这点事都放不下，你还能干什么？

一句话把朋友骂醒了。他不再恼恨邻居，而是自己动手把压倒石榴树的残垣断壁清理干净，还对石榴树进行了修剪，留下几个较整齐的主枝。

这时，邻居回来了，一见面就道歉，说单位突然有事，脱不开身。邻居拿出钱要赔偿，被朋友拒绝了。不但如此，朋友还热心地帮邻居一起修复了院墙。

结果，邻居临走前，紧紧握住他的手，眼神中充满了感激之情。

有句话说得好：一件事，想通了就是天堂，想不通就是地狱。

那么，如何消除烦恼呢？答案就是放下。美国心理学家戴维·伯恩斯则提出认知疗法：学会不在意，换一种思维方式来面对眼前的一切。两者可谓异曲同工。

很多时候，我们的烦恼，不过是一种杞人忧天式的自寻烦恼。

有心理学家做过这样一个实验：

在周日晚上，要求被试者将未来七天可能遇到的烦恼写下来，放进一个信箱。三周后，心理学家打开信箱，让所有被试者一一核对自己写下的烦恼是否真的出现。结果，其中90%的烦恼都没有发生。

紧接着，心理学家要求被试者将正在面临的烦恼写下来，放进信箱。又过了三周，心理学家打开信箱，让被试者再次核对。结果，那些曾经的烦恼，此时已不再是烦恼了。

这个实验说明：对于烦恼，我们总是想得太多，最后真正发生的却很少。

生活中，有的人总是纠结于一些无关紧要的小事。结果，没过几天却发现，那些曾经让自己烦恼的事情，其实都不算什么事，只是自己钻了牛角尖出不来。

美国激励大师理查德·卡尔森曾经说过，人类80%的恼怒都是自己造成的。为了防止激动，请冷静下来！要承认，任何人都不是完美的，任何事情都不会按计划进行。

如何才能不让小事牵着鼻子走呢？卡尔森给出了以下建议。

（1）学会倾听别人的意见，这样不但你的生活会更有趣，别人也会更喜欢你。

（2）不要试图把什么事都做得滴水不漏。只要找，总是能找到缺点。

（3）接受不成功的事实，天不会因此塌下来。

（4）忘掉事事必须完美的想法，这样生活会变得很轻松。

欲望太多，心就越累。记住，如果你不给自己烦恼，别人永远不可能给你烦恼。遇到争执和不如意，如果能够放下，我们的生活就会有更多的快乐和从容。

有人说，放下是一种逃避，知足常乐是一种消极。这其实是一种误解。放下并非逃避，而是为了继续前行，知足常乐也并非消极，而是对个人能力的清醒认识。

人一旦被欲望控制，必定是苦闷不已。而懂得知足常乐的人，总是能看淡名利，最终收获轻松和快乐，家庭和事业也一帆风顺。

|情|绪|修|习|术

好事和坏事并不是绝对的，它们会相互转化。面对不如意，如果我们不懊丧、不抱怨，用积极的态度对待它，坏事就有可能变成好事。

不要拿过失处罚自己

◎◎认识情绪

> 打翻一杯牛奶不可怕，可怕的是，一直放不下那杯已经不存在的牛奶。

印度诗人泰戈尔曾经说过："如果错过太阳时你流了泪，那么你也要错过群星了！"这句话告诉我们，人要学会遗忘，毕竟人活着是为了现在和将来，而不是为了过去。

孟敏是东汉一大臣，年轻时卖过甑（一种蒸食用具）。有一次，他的担子掉在地上，甑被摔碎了，但他头也不回径自离去。

有人问他：甑都摔碎了，你怎么不管不顾？

孟敏坦然答道：既然都摔碎了，关注它有何用？

这是一种多么豁达的心态。是的，无论甑与自己的生计如何息息相关，也无法改变它已经被摔碎的事实，你为之懊悔，又有何益处呢？

拿过去的错误惩罚自己，其实是不愿面对现实的表现。为什么不愿意接受现实？因为我们总是错误地认为它还可以改变，换句话说，源于一种后悔情绪。

人的心理有个特征，即得到的不珍惜，失去的很抓狂。这种后悔情绪本质上是一种逃避心理。当一个人想要逃离现实的时候，后悔情绪可以为他们提供一个借口。

然而，时间不会倒流，人生无法重来，无论过去的事给当下造成什么样的后果，我们都应该抱着一颗敬畏之心。

需要指出的是，人虽然不能改变过去发生的事，但可以改变对过去事情的态度。

莎士比亚说过："聪明人永远不会坐在那里为他们的损失哀叹，却用情感去寻找办法弥补他们的损失。"这句话告诉我们，过去的就让它过去，我们唯一能做的，就是尽量挽回做错事情的损失，保证不再犯此类错误。

人生的许多烦恼，常常起因于过去。有的人犯了错误，自责不已，总觉得别人在责怪自己，于是惶惶不可终日，甚至深居简出，选择逃避。

其实，人非圣贤，孰能无过？如果有了一点过错，就终日沉溺在无尽的自责、悔痛中无法自拔，不仅会失去快乐，还会影响自己的精神状态。最关键的是，你的人生会像泰戈尔说的那样，错过了正午的太阳，也错过了夜晚的群星。

遗憾的是，生活中总有一些人为打翻的牛奶哭泣。他们为昨日的损失哀叹，为挽回不可挽回的过去做出更加错误的决定，结果遭受更大的损失。

要知道，懊悔除了破坏我们的情绪和健康，不会给我们带来任何收益。

所以，聪明的人总是以豁达的心态来看待失败和错误。他们勇敢面对过去，冷静地分析失败的原因，从中吸取有用的教训，避免以后再犯类似的错误。而愚笨的人，往往为过去的错误懊恼不已，并长时间陷入其中不能自拔。

|情|绪|修|习|术|

"塞翁失马，焉知非福。"人生不要向后看，而应向前看。只有现在果断放弃，未来才能更好地拥有。

跳出当局者的怪圈

认识情绪

> 换位思考的本质，其实是安抚自己。换句话说，是通过体验对方的角色来矫正和完善自己的角色。这就像照镜子一样，主角永远是你自己。

俗话说，旁观者清，当局者迷。遇到矛盾，如果不能控制情绪，往往会使事情变得更加严重，甚至失去控制。相反，如果我们冷静下来，换个角度看问题，情况就会大不一样。

有个女孩很喜欢一个男孩，但男孩并不喜欢她。

女孩很失望，整日情绪低落，生活里完全失去了阳光。妈妈劝她想开点，女孩却认为自己对男孩付出了感情就理应获得回报。妈妈换了个角度，问她："如果有个你不喜欢的男孩疯狂追求你，你会怎么办？"

听完妈妈的反问，女孩的心情豁然开朗，从此走出阴郁的天空。妈妈的反问，其实是在提醒女孩要学会换位思考。

所谓换位思考，通俗地讲，就是站在别人的立场上，设身处地为别人着想，用别人的眼光来看世界，用别人的心思来理解世界。

生活中，因为环境和角色不同，每个人对同一件事情的看法经常不一样。这并不代表别人的观点就是错的。站在别人的立场上考虑问题，我们就能理解甚至认同他们的观点。只要你这样做，生活中就会多一点和气，少了一点怨气。

事实证明，通过换位思考，大多数的误解都能够避免。因为只要学会换位思考，我们就不会去挑剔对方，抱怨对方，取而代之的是赞赏对方、谅解对方。

有人把换位思考理解为迎合别人，这种认识很片面。换位思考不是让你迎合对方，而是让你理解和尊重对方，在处理问题或做决定时，能充分考虑对方的感受。

更进一步讲，换位思考的本质，其实是安抚自己。换句话说，是通过体验对方的角色来矫正和完善自己的角色。这就像照镜子一样，主角永远是你自己。

职场上，同事之间、个人与集体之间，难免出现矛盾和分歧。此时，如果懂得换位思考，多站在对方的立场上考虑问题，就能理解别人，调整自己的行为。生活中也是如此。

换位思考是高情商的表现。一个擅长换位思考的人，很容易跳出当局者的怪圈，从旁观者的角度清醒地审视一切，并从多方面考虑问题。

"身在局中不知局，只因心中利害欲。"当我们跳出当局者的怪圈后，心胸就会豁然开朗。对个人来说，换位思考还能避免钻牛角尖，帮我们找到问题的解决办法。

如何换位思考呢？

第一，要保持良好的心态。

有了良好的心态，你就会用积极的眼光看待问题，同时不会钻牛角尖，也不会陷入负面情绪中不能自拔。

第二，要学会理解他人。

与别人意见不合时，不妨从对方的角度去考虑问题，设身处地为对方着想。这样，我们就能更好地感受对方的情绪，某些看似无法调和的冲突也就迎刃而解了。

第三，要学会宽容他人。

宽容别人，就是宽容自己。和自己过不去，一味较真，最后往往累得筋疲力尽。无论何时，人都应该保持一份坦然，不要怨恨任何人、任何事，这样才能快乐。

| 情 | 绪 | 修 | 习 | 术 |

站在别人的立场上考虑问题，我们就能理解甚至认同他们的观点。只要你这样做，生活中就会多一点和气，少了一点怨气。

情绪能让人生病，也能给人治病

认识情绪

据统计，目前与情绪有关的疾病达200多种，在所有患病人群中，70%以上都和情绪有关。

古人云：怒伤肝，恐伤肾，思伤脾，忧伤肺。这种古老的中国智慧告诉我们，情绪会伤身。例如，持续的消极情绪会使大脑机能紊乱，引起抑郁症、神经衰弱等。

尽管情绪会伤身，但只要找到合适的方法和途径，通过合理的宣泄，就能消除不良情绪，重拾一份好心情，还我们一个健康的身体。

法拉第是英国著名物理学家、化学家，他是发电机和电动机的发明者，最早提出了电磁感应学说，发现了电场与磁场的联系。

法拉第年轻时，由于工作紧张，用脑过度，身体十分虚弱，多方求治不见好。

后来，一位名医给他做了检查。这位医生并没有给他开药，只送了他一句话："一个小丑进城，胜过一打医生。"

法拉第仔细琢磨这句话，品出了其中的含义。于是，他开始抽空去看马戏和喜剧。那些精彩的表演让他开怀大笑。他还到野外和海边度假，努力让自己保持愉快的情绪。

久而久之，法拉第的身体竟然慢慢康复了。

现代医学研究表明，情绪不仅影响人们的心理健康，还影响人们的身体健康。一个人如果心情愉悦、乐观豁达，免疫功能就会非常活跃，感染疾病的机会就会减少。反之，则有可能因情绪失控而引发神经系统功能失调，人体内阴阳紊乱，从而滋生百病。

恐惧、焦虑、愤怒、沮丧……每个人的身体里，都有一张情绪地图。据统计，目前与情绪有关的疾病达 200 多种，在所有患病人群中，70% 以上都和情绪有关。

情绪从本质上来讲是一种心理能量。它是频率和波长不同的振动，有的快，有的慢，不同的能量波动代表不同的情绪。

既然是一种能量，就必然遵循能量守恒定律。换句话说，情绪一旦产生，是不会消失的。科学家早就发现，人体内的各种情绪能量会经体内的化学物质传递到身体细胞。

既然情绪能量不会消失，一旦它们不能被妥善处理，就会变成一种失控的能量形式。心理学家将这种能量形式称为自由基能量，它的不断累积会在体内形成一股乱流，瓦解体内的细胞电子场，引发生化反应紊乱，影响身体器官的正常运行。

未清除的情绪毒素对身体极为有害。例如，长期抑郁的人容易患上结石或其他胆囊疾病，长期焦虑的人容易患上胃溃疡和胃炎。

此外，愤怒情绪对人体健康的危害更大。研究证实，容易动怒的人，患恶性肿瘤的概率更高。反之，那些态度乐观、能够迅速调整情绪的人，患癌的概率较低。

加拿大心理学家塞尔耶认为，人在紧张或遇到危险时，身体和精神会高度紧张，此时需要迅速做出重大决策来应对危机，机体会处于应激状态。

应激状态有助于个体应对急剧变化的环境，维护机体功能的完整性。但长久持续的应激状态会导致神经内分泌系统失调，摧毁机体的生物化学保护机制，进而导致胃溃疡、胸腺退化、免疫力下降等病患的产生。

不过，情绪能让人生病，也能给人治病。

美国加利福尼亚大学教授诺曼·卡兹斯40岁时患上胶原病，医生说这种病康复的可能性是1/500。卡兹斯一度很悲观，但后来他听取医生的建议，经常看有趣的文娱体育节目。

看这些节目时，卡兹斯经常被逗得哈哈大笑。除了看有趣的节目外，生活中他还有意逗家人笑。一年后，医生对他进行血沉检查，发现血沉降低了5个百分点。两年后，他的胶原病彻底痊愈了。

后来，卡兹斯出了一本自传，书名叫《1/500的奇迹》。书中写道：

"如果消极情绪能引起肉体的消极化学反应，那么蓬勃向上的积极情绪就会引起积极的化学反应……爱、希望、信仰、笑、信赖、对生活的渴望等，它们都具有治病的功效。"

情绪修习术

一旦身体健康出现问题，需要检查的可能不仅是我们的身体，还有我们的情绪。积极快乐的情绪有天然的抗病能力，能使我们奇迹般地保持和恢复健康。

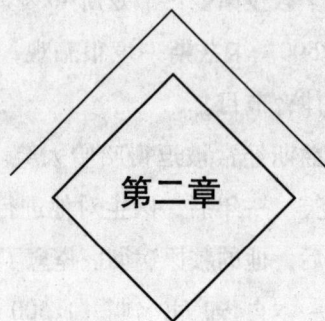

第二章

提高你的情商

遇到事情时，理智的人让血液进入大脑，聪明地思考问题；野蛮的人则让血液进入四肢，大脑空虚，疯狂冲动。

与其跟狗争路，不如让狗先走一步

认识情绪

> 与其跟一条狗抢道，不如让狗先走一步。如果被狗咬了一口，你即使把这条狗打死，也不能弥合你的伤口。

2008 年 12 月 15 日，美国总统布什卸任前最后一次访问伊拉克。

记者会上，一名仇视他的伊拉克记者连续两次向他投掷鞋子，都被布什机敏地闪身避过。虽然被称为"牛仔总统"，但他并没有像当年英国副首相约翰·普雷斯科特那样以牙还牙，反而表现得很从容，全场面带微笑，不但安抚大家要冷静，还用笑话为自己解困：

"这就像有人在政治集会上叫嚣一样，无非是想引人注意！但我不受影响。他掷中我又如何？真相是，那是一只 10 号鞋。多谢关心。"

虽然布什发动了伊拉克战争，在很多国家名声不太好，但他这次记者会上的临场反应和对答，还是赢得了积极的反响。

那些情商高、事业成功的人，并不是因为他们有超乎常人的能力，也不是因为他们生来就是人才，而是因为他们拥有良好的自制力，能够比其他人更好地控制自己。

用幽默化解被人攻击、被人羞辱的尴尬，是许多政治人物的拿手好戏。人们之所以说政治人物情商高，很大一部分原因就在于此。

对于普通人来讲，面对羞辱冷静一点、淡定一点，也不失为明智之举。要努力做一个自制力强的人。能控制住自己，才能控制别人。连自己都控制不好，又何谈去控制别人。

事实证明，没有自制力的人，很容易被人打败。相反，一个自制力强的人，即使面对羞辱，照样保持冷静，他们从不走极端。

美国总统林肯说过："无谓的争辩，不仅会伤害自己的真性情，而且会失去自己的自制力。在尽可能的情况下，倒不如对别人谦让一些、包容一些。与其跟一条狗抢道，不如让狗先走一步。如果被狗咬了一口，你即使把这条狗打死，也不能弥合你的伤口。"

然而，控制好自己的情绪并不容易。

每个人都有自己的思想和感情，所谓的控制自己和自我约束，其实就是要克制住自己内心深处的感情和其他愿望。对许多人来说，做到这一点非常困难。

要避免情绪失控，就要学会从长远的角度去思考问题。当你受到侮辱时，不妨先想想生气会给自己带来什么。如果你知道生气有损于你自身的利益，那就一定要约束你自己的行为，让大脑冷静下来，哪怕这种自制很难。

情绪修习术

不管对方的行为有多么不友好，也不管对方说了什么话，你都不应失去理智。如果你勃然大怒，只会让羞辱你的人得偿所愿，并引起其他人的注意。

见人说人话，见鬼说鬼话

认识情绪

学会"变脸"对每个人都是有必要的。因为"变脸"可以帮助我们迅速调整自己的情绪，让我们在不同的环境下正确表达自己的情绪。

人一旦承担了某种角色，其言行举止和情绪也会随角色改变。

　　角色意识强的人，会根据不同的角色调整自己的情绪；而角色意识弱的人，则可能陷在上一个角色中不能自拔，从而给自己的人际关系带来不良影响。

　　例如，一个身居高位的人，刚刚还对自己的下属大发雷霆，把下属批得体无完肤。一转身，面对客人时，马上春风满面，丝毫看不出刚刚发了一通脾气。如果面对的是客户，脸上甚至会带着一丝讨好的表情，完全没有刚刚面对下属时居高临下的姿态。

　　迅速转换角色是一种本领。交际能力强的人，往往都具备这种"变脸"能力。

　　生活中，这种"变脸"会让人捉摸不透，给人一种虚伪的感觉。但在工作中，随着环境的变化而迅速"变脸"，却是一种为人处世的方式。尤其是在生意场上，在不同的场合展露出不同的表情，表达不同的情绪是非常有必要的。

　　试想，在人际关系复杂的社会里，如果没有"变脸"的本事，如何跟人很好地沟通呢？

　　有人不愿跟擅长"变脸"的人打交道，认为他们"见人说人话，见鬼说鬼话"，是标准的"变色龙"，与这种人打交道很容易被欺骗。

　　这种观点很片面。事实上，学会"变脸"对每个人都是有必要的。因为"变脸"可以帮助我们迅速调整自己的情绪，让我们在不同的环境下正确表达自己的情绪。

　　美国耶鲁大学做过一个演讲测验，要求一名被试者将原先的想法放在一边，让他演说安排好的内容。结果，演讲结束后，此人的观点受到影响，并最终改变行动。

　　据说，美国电影明星简·方达之所以热衷于印第安人的解放运动，就是因为她曾在电影中扮演过这方面的角色。

　　这个实验给我们的启发是：通过有意识地"变脸"，或许会达到"柳暗花明又一村"的效果。换句话说，要想处理好日常生活中的人际关系，不妨试试"变脸"吧。

需要指出的是，这里的"变脸"，不是指过河拆桥、忘恩负义，而是指由一个不良的交际态度转为正确的交际态度。

生活中，掌握"变脸"技巧有很多好处。

首先，它能避免别人对你的情绪产生误解，不会影响你的人际关系。

其次，你能保守自己的秘密。一个总把喜怒哀乐挂在脸上的人，是没有秘密可言的。

当然，要学会"变脸"，必须具备一些能力，比如了解自我情绪的能力、调节自我情绪的能力、表达自我情绪的能力等。

了解自我情绪是管理好情绪的前提。一个不知道自己情绪状态的人，是不可能调整自己的情绪的。同样，即便知道自己的情绪是不对的，如果不了解调节情绪的方法，不具备调节情绪的能力，也无法正确表达出自己的情绪。

|情|绪|修|习|术

一个懂得"变脸"的人，如同一艘运转灵活的船，不但速度快，还能及时躲避触礁的危险。角色理论不仅适用于自我修炼，也适用于态度改变。例如，公司可以通过让某些员工扮演管理者的角色，改掉他们过去的坏习惯。

远离情绪消极的人

认识情绪

> 只要20分钟，一个人就会受到他人负面情绪的感染。

情绪有很强的传染力，不管积极情绪还是消极情绪，均如此。

好的情绪让人心情愉悦。坏的情绪则像瘟疫，一旦被传染，就会跟随对方进入某种状态，丧失自己的独立性，成为一个没有主见的人。

　　美国心理学家加利·斯梅尔经过长期研究，证明了情绪的传染性。

　　斯梅尔发现，一个之前一直开朗、外向的人，如果和一个整天愁眉苦脸的人在一起，不久也会变得情绪沮丧。同情心越强、越敏感的人，越容易感染上坏情绪。而且，这种传染是在不知不觉中完成的。

　　生活中，这种现象并不少见。举例来说，一个新入职的年轻人，本来踌躇满志，充满干劲。但如果办公室里有一个总是抱怨公司的同事，这位新人就会在不知不觉中受到影响，慢慢对公司失去信心。

　　许多人之所以情绪消极，就是因为他们在不知不觉中受到外部环境的影响。尤其是网上有很多反映社会阴暗面的文章，这类文章看多了，人的情绪会受到极大的影响。

　　举个例子，如果你经常看用避孕药养殖大闸蟹、用甲醛浸泡黄鱼、人造假鸡蛋、转基因玉米等文章，你的情绪会非常低落，甚至对社会产生仇视。

　　心理学研究证明，只要 20 分钟，一个人就会受到他人负面情绪的感染。如果你喜欢或同情某个人，你的情绪就很容易受到他的影响。

　　那么，如何提高自己对坏情绪的免疫力呢？

　　首先，尽量远离消极的人。

　　如果某个人见了你，不是抱怨老板刻薄，就是埋怨天气不好，或者哀叹自己最近的运气太差。那么，在他的引导下，你会联想到老板的各种缺点，想起最近遇到的各种倒霉事情。

　　遇到这样的人，请尽量远离！就算你对坏情绪的免疫力很强，也不能保证长期与这样的人在一起不受一点影响。

　　其次，凡事要有主见，专注于自己的心情。

　　没有主见的人，最容易受别人情绪的感染。与情绪消极的人在一起，你可以安慰他，向他传递正能量，但不能被他拉入消极情绪的旋涡。如果他是那种谁见了都躲着的人，必要时不理他就行了。

　　最后，从情绪消极的人身上找优点。

当你不得不跟一个情绪消极的人在一起时，比如和你朝夕相处的同事，逃避显然不是办法。如果你表现出厌恶情绪，会导致心情更糟。

此时，不如换个角度看问题，找找他身上的优点。想一想，除了爱发牢骚外，他身上其实也有可爱的地方，如此转移你的注意力，你会发现自己的心情会好很多。

|情|绪|修|习|术

人不可能单独活在世上。生活中，其他人的言行举止必定会影响到我们。对此，我们要接受乐观的，抛弃悲观的，不要被别人的负面情绪传染。要学会调节自己的情绪，用一颗平常心来对待身边的事和物。

转移你的注意力

认识情绪

> 当人的注意力集中在不良情绪上时，消极因素会使我们钻入牛角尖。反之，如果我们想办法转移注意力，不良情绪就会减弱，甚至消失。

古时候，人们用脚力极佳的骡子来驮运笨重的货物。骡子的体力虽然好，但也有一个问题，那就是传说中的骡子脾气。

一头骡子若使了性子，四只脚便会像上了钉子一样，固定在原地一动不动。无论主人怎么抽打，始终坚持它固执的脾气，一步也不肯向前走。

遇到这种情况，有经验的主人不会拿鞭子打它，而是迅速从地上抓起一把泥土，塞进骡子的嘴巴里。

骡子当然不吃泥土。人们之所以这么做，是因为骡子吐出口中的泥土时，会忘记刚才生气的原因。这样，当它把满嘴的泥沙吐干净后，在主人的驱赶下，就会继续往前走。

这实际上是一种通过转移注意力来调节情绪的方法。

注意力通常决定着我们的情绪。当人的注意力长时间集中在给自己带来不良情绪的事情上时，消极因素会不断积累，从而使我们钻入牛角尖。反之，如果我们想办法把注意力转移到其他事物上，让新的思维占据大脑，不良情绪就会减弱，甚至消失。

事实上，不论什么事情，它带给你的感受和意义，完全取决于你的注意力。这并非事物的客体，而是一种看法，是从某个角度认识事物的结果。

举个例子，你过生日，邀请所有的朋友来参加。如果某人不能来，你的注意力就会决定你内心的感受。

你对于他不能到场持什么态度，取决于你从什么角度去看待。换句话说，你有什么样的注意力，就会有什么样的情绪。如果你认为他故意迟到或不来，就会大发雷霆。如果你站在对方的立场上，设想他可能有事耽搁了，你的心情就会比较平和。

转移注意力是一种有效的情绪控制法。具体怎么做，可以参照以下几点。

首先，远离让你产生负面情绪的环境。

负面情绪通常受环境影响。如果某时某地的某件事情让你产生了负面情绪，那么这种情绪就很容易和当时的环境联系在一起。只要你继续待在这样的环境中，负面情绪就无法消除。一旦你离开，就会远离负面情绪。

其次，停止思维反刍。

所谓思维反刍，是指事情都过去了，还陷在让自己纠结的事情中不能自拔。

思维反刍会使消极情绪变得更加强烈。当你意识到自己正处在无休无止的愤怒中时，你应该大声对自己说不，让自己的思维"停机"，然后把注意力转移到别处。

最后，换个角度看问题。

同样一句话，在寻找讨厌的理由时，这句话就是坏话，没安好心；在寻找喜欢的理由时，这句话就是好话、肺腑之言。

之所以会产生如此大的差别，原因只有一个，即你看问题的角度不一样。因此，改变情绪最简单有效的方法是改变我们看待这件事的角度。

|情|绪|修|习|术

一个人想要成功，既不能因一时得意而骄傲自满，也不能因暂时失利而一蹶不振，要想办法转移注意力，保持积极乐观的态度，这样才能重整旗鼓、东山再起。

宽容是人际交往的润滑剂

认识情绪

> 宽容是人际交往的润滑剂，它反映了一个人的胸怀和人格修养。一个能宽容别人的人，很容易和别人和睦相处。

宽容是处理人际关系的一剂良药。

唐朝名将郭子仪在平定"安史之乱"和抵御外族入侵中屡立奇功，却遭到皇帝身边红人、太监鱼朝恩的嫉恨。鱼朝恩在皇帝面前进谗言，使得郭子仪几起几落，危险重重。

郭子仪率兵在外征战，鱼朝恩竟暗地里派人挖掉郭子仪父亲的墓穴，并抛骨扬灰。

郭子仪领兵还朝，众人以为他将掀起一场血雨腥风。不料，当代宗皇帝忐忑不安地提及此事时，郭子仪却伏地大哭，说："臣将兵日久，不能禁阻军士们残人之墓，今日他人发先臣之墓，这是天谴，不是人患。"

家仇的烈焰，竟被他用宽容的泪水浇灭。

郭子仪手握兵权，在朝中日益得到皇帝的信任，鱼朝恩寝食难安，担心早晚会被郭子仪收拾，便想来个先下手为强，在家中摆下鸿门宴。

鱼朝恩的险恶用心，连郭子仪的下属都看得一清二楚，他们极力劝阻郭子仪不要去，去也要带卫队前往。郭子仪淡淡一笑，不以为然，只带了几个随从赴宴。

鱼朝恩得知实情后，惊讶不已，阴毒无比的一代奸臣竟被感动得号啕大哭，不再以郭子仪为敌，反而处处维护他。

郭子仪用自己的宽容将敌人变成了朋友。他辅佐四朝国君，以85岁高龄得以善终。寿终时，皇帝驾临哭送。郭子仪成为历史上罕有的"权倾天下而朝廷不忌，功盖一世而主上不疑，侈尽人欲而议者不贬"的名臣。

老子在《道德经》中说：江海之所以能为百谷王者，以其善下之，故能为百谷王。意思是说，江海之所以能够成为百川河流汇集之处，是因为它善于处在低下的地方，所以能够成为百川之王。

在人际交往中，如何处理自己和别人的关系，是一个核心问题。谦逊、宽容的人，将自己放在较低的位置，这样能够减少别人的敌意，最终赢得友谊。

要做到宽容并不容易。中古时期宗教家康庇斯曾说："很少人会以衡量自己的天平来衡量别人。"对很多人来说，自己的过失和别人的过失相比，根本算不了什么。自己做错事，可能自责一会儿，就宽恕了。换别人犯错，却紧紧抓住不放，纠缠不休。

但是，我们需要宽容。因为宽容是人际交往的润滑剂，它反映了一个人的胸怀和人格修养。一个能宽容别人的人，很容易和别人和睦相处。

尤其是在复杂的社会关系中，我们更需要宽容。因为只有宽容，才能发现别人的长处，从而更好地与别人合作，并建立起良好的人际关系。

接下来是一组描述，看看你是否具有这些行为，如果有，你应该学着更加宽容。否则，你会成为一个情绪失控的易怒者。

（1）一发火就骂人、砸东西，甚至打人。

（2）情绪反应十分简单，缺乏幽默感，不会开玩笑。对满意的事沉默不语，对不满意的事通常会通过吵架、发脾气等方式解决。

（3）面对生活中的挫折，只有一种心理防御方式，那就是发泄。

（4）对很小的事也沉不住气。

（5）脾气火爆，一点就着，什么事都干得出来，当时不能自制，事后又特别后悔。

（6）听不进任何人的劝说，尤其在情绪激动的时候。

情绪是可以控制的，火爆脾气也是可以改变的，前提是你要有一颗宽容的心。

|情|绪|修|习|术

宽容不仅可以使自己从仇恨和烦恼中解脱出来，还能使我们的身心得到放松，让我们拥有一个好人缘。

冲动是教唆你犯罪的恶魔

认识情绪

强烈的情绪尤其消耗人的精力，即使在适度的压力下也没有人能够长期保持很高的绩效水平。

在做重要决定时，我们需要把情绪控制在一定范围内，给自己足够的思考时间，这样才不致盲目做出决定。

任何一个决定都会影响到事情的成败，虽然冲动之下做出的决定也有可能成功，但这种成功带有不确定性。只有深思熟虑下做出的决定，才能最大限度地避免失败。

利特尔是美国化学工程的先驱。早年，他经营着自己的化工生意，但没多久就赔光了所有的积蓄。利特尔非常沮丧，他觉得前景暗淡，要做好一件事情太难。

当时，他有另外几个地方可以去，于是决定从中选择一个。

当他做出这一决定时，恰逢黄昏时分，他正忙着整理自己的东西。此时，一位老板来访，于是利特尔把自己的决定说给他听。

"现在天就要黑了，我们先吃饭再说吧。"老板说。

在一家俱乐部，两人叫了几道菜，然后开始闲聊起来。不知不觉间，利特尔忘记了自己的困扰。

"对了，你刚刚不是说你的生意失败了，到底怎么回事？"老板突然问道。

"算了，不说了。"利特尔答道。

第二天，利特尔回到了实验室。从那时起，他再也没想过要放弃他的事业。而且，他开始明白，当处于饥饿或是疲惫状态时，绝不要去做什么决定。因为这两种状态，都会降低你的精力和自信，导致你的判断力下降。

在做重要决定时，一定要保证情绪稳定，这是人们的共识。

心理学家也指出，一个人的情绪越稳定，倾注的心血和努力越多，他所获得的创意和启示就会越多，从而更能做出正确的抉择。

但事实上，我们不可能永远做到理性。决策时，情绪总会伴随我们，没有人能够永远掌控自己的选择。我们会因为个人利益而冲动，或过于深思熟虑。我们可能在某一时刻头脑发热，让感情占据了上风；在另一时刻，又会因不确定性而束手无策。

既然情绪是不可避免的，我们唯一能做的，就是把情绪控制在一定范围内，给自己留出缓冲时间。

事实上，适度的情绪并不会妨碍有效决策。研究表明，大部分人在适度压力下反而能够更好地处理信息。我们都经历过肾上腺素分泌带来的机警和敏锐。正如塞缪尔·约翰逊所说的："人之将死，其神也专。"

话虽如此，我们还是要认识到，某些情况下，情绪确实会妨碍人们做出高质量的决策。最简单的一点是情绪会让你精疲力竭，而疲劳会降低我们的敏感度和反应速度，让我们无法集中精力同时处理多个信息。事实上，它会暂时降低我们的智商。

强烈的情绪尤其消耗人的精力，即使在适度的压力下也没有人能够长期保持很高的绩效水平。压力最终会降低你的绩效。压力过大、延续时间太长或者发生频率较高，都会对你的身体和心理带来危害。

即使在你精力充沛时，情绪也可能将你绊倒。其中一个影响是，情绪会让你的视野变得狭隘。比如，当你对某人极度迷恋时，通常会忘记关注其他的事情；当你和自己梦想的人在一起时，你会因为喜悦而神情恍惚。

情绪也会让你的决策短路。

举个例子，当你发现自己的恋人出轨时，冲动会让你在未经思考的情况下做出一些愚蠢的行为，例如随手拿起某样东西砸向对方。

尽管你还没有做好决定要攻击对方，但你的愤怒需要立即得到发泄，你的本能帮你做出这个决策。冲动之下犯罪，从来都没有经过精心的预谋。

|情|绪|修|习|术

冲动是教唆你犯罪的恶魔，总有一天会让你跌入万劫不复的深渊。要想获得成功，就需要做一个深思熟虑的人。

炫耀只会让你失去朋友

认识情绪

> 把自己看得比别人高人一等的人，一定是世界上最愚蠢的人。

人生得意时，千万不要在失意之人面前显摆。否则，只会招来别人的怨恨。聪明的人总是将得意之事深藏心里，而不是挂在嘴上，更不会把它当作炫耀的资本。

一次，有人约了几个朋友来家里吃饭，这些人彼此熟识。主人把他们聚在一起主要是想借着热闹的气氛，让一位目前正陷入低潮的朋友散散心。

这位朋友因经营不善，不久前关闭了一家公司，妻子也因为不堪生活的压力，正跟他谈离婚。内外交困，整个人的心情很苦闷。

来吃饭的人都知道这位朋友目前的遭遇，大家都避免谈与事业有关的话题。可其中一人因为前不久赚了钱，几杯酒下肚，忍不住高谈阔论起他的赚钱本领。那得意的神情，连主人看了都有些不舒服。

那位失意的朋友低头不语，脸色很难看，一会儿上厕所，一会儿去洗脸，后来他猛喝了一杯酒，趁早离开了。主人送他到门口，他愤愤地说："会赚钱也不必这样炫耀啊！"

主人了解他的心情，因为多年前自己也碰到过这样的事情。当时，自己的事业处于低潮期，某个正风光的熟人在他面前炫耀自己的薪水、年终奖，那感觉很扎心，要多难受有多难受。

人在春风得意时，总有一种炫耀的冲动，于是掩饰不住得意的情绪。但炫耀一定要分场合和对象。面对朋友或者失意的人时，要学会收敛得意的情绪。否则，你不但会引起对方的厌恶，还可能因此失去一位好朋友。

聪明的人决不会在失意者面前流露出自己的得意情绪。因为你的得意会衬托出别人的倒霉，甚至让对方觉得你是故意在嘲笑他的无能，让他有一种被比下去的感觉。特别是在失意的人面前炫耀自己的得意事，他会更恼火，甚至讨厌你。

朋友面前，尤其不要炫耀，对方不愿听到这样的消息。如果你只顾炫耀，对方会渐渐疏远你，让你在不知不觉中失去一个朋友。

从心理学上讲，希望博得他人的赞赏是一种人之常情，无可厚非。但人们在获得一定认可后总是希望获得更多的认可。很多人因此陷入了追求他人认可的恶性循环中。

有的人之所以遭人忌妒，是因为他们对自己卓越的才能和优越的地位不加掩饰，故意在别人面前表现得多才多艺、有权有势，以为这样可以赢得别人的尊重。

事实恰好相反，这样的行为只会给自己制造出很多沉默的敌人。因为这样做，会让别人觉得脸上没光，从而记恨你。一旦你犯了错，他们会想尽办法羞辱你。

深谙处世之道的人，大都能够在社会群体中摆正自己的位置，而那些把自己看得比别人高人一等的人，一定是世界上最愚蠢的人。

|情|绪|修|习|术|

人们只关心自己，他们喜欢谈论自己，希望别人重视自己。因此，聪明人会将得意之事放在心里，而不是挂在嘴上，更不会把它当作炫耀的资本。他们会多谈对方关心和得意之事，从而赢得对方的好感和认同。

第三章

让自己看起来像个成功者

让自己看起来像个成功者，是培养积极心理、获得他人认可的重要前提。

模仿成功者的形气

认识情绪

> 哪怕是脸部表情的一个微小变化，或者一个不易察觉的小动作，都可能会影响我们的感受，从而产生不同的想法，最终影响我们的人生。

很多人不知道，身体的动作其实会影响我们对事物的感受。

事实上，哪怕是脸部表情的一个微小变化，或者一个不易察觉的小动作，都可能会影响到我们的感受，从而产生不同的想法，最终影响我们的人生。

美国犹太裔钢琴家加里·格拉夫曼 21 岁即获得莱文特里德音乐大奖，随后开始长达 30 年叱咤乐坛的世界巡演之旅。

1979 年，他的右手受伤了，医生和音乐教授都告诉他："你不能再弹奏了。"这对正处于事业巅峰期的格拉夫曼来说无疑是致命的打击。他一夜之间从顶峰跌倒了山谷，"几年时间里，我不知道未来能做些什么，非常困惑。"

但困难并没有打倒格拉夫曼，经过几年的调整，他以超人的毅力，专攻左手演奏的作品。1985 年，他和著名指挥家祖宾·梅塔成功演奏了北美近代协奏曲，最终赢得"左右传奇"的美誉。

格拉夫曼是如何做到这一点的？让我们看一下他在 2009 年中山公园音乐堂的表现。

当晚 19 时 35 分，格拉夫曼缓缓走上舞台，鞠躬，用右手略微吃力地调整了一下坐椅，左手随即流畅地在琴键上跃动起来。整场音乐会，他以一种近乎雕塑般静止的姿态端坐着，琴声时而沉静抒情，时而灵动奔放。

在这场仅凭左手弹奏的钢琴独奏会上，他以凝重而情感充沛的琴声征服了在场观众。

格拉夫曼的成功，与他强大的气场密不可分。他即便姿势随意地站在那里，也能让人们感觉到极大的亲切感和满足感。这一切，要归因于他身上散发的"形气"。

所谓形气，是指机体气血的外在表现。形气可以调整一个人的情绪，改变他的精神气质，使他的外在表现时刻处于最佳状态。

我们不妨做个小练习，看看形气对情绪有多大的影响。

假设你是一个严肃呆板的乐团指挥，手臂正一前一后晃动着，做这个动作时用力要轻缓，不可太用劲，同时脸部表现出困倦的样子。此时，你的情绪会是什么状态？

再换另一种动作。双掌用力合拍两下，脸上堆满笑容，大声喊着鼓舞士气的话。此时，你的感觉是不是跟刚才不一样？你的情绪是不是也在跟着变化？

这就是形气的影响。

事实上，每一种感觉或情绪都有一种固定的形气。这些形气包括姿势、呼吸、动作、面部表情等。当一个人沮丧时，这些形气会特别明显。所以，当你情绪不佳时，如果能快速做出一些动作，随着身体的调整和声音的变化，你的感觉和情绪会很快发生变化。

概括来讲，当你想改变某种不想要的情绪，或者当你想要向别人传达某种气场和情绪时，可以通过改变形气来达到这样的效果。

这是很多成功者秘而不宣的诀窍，他们知道如何表达成功者应有的形气。

成功者的形气有很多，比如热情、大胆、幽默、好奇、自信、敢试等。那些善于利用形气的人，更容易获得人生的幸福和事业的成功。比如，一个笑容绽放的人，总是能感觉到自己的信心，这样的人更容易成功。

有句老话说："当有一天回顾今天的种种，你便会觉得好笑。"今天你纠结的，日后看来可能不过是浮云。所以，从现在开始，开怀大笑，无论遇到什么样的窘境，也要保持成功者的形气。

怎样才能做到这一点呢？答案是，不断设想自己希望的状态，多练习几遍。过不了多久，你就会感觉处于那种状态。

比如，如果你深吸一口气，然后抬头挺胸，脸上堆满笑容并摆出生龙活虎的架势，情绪自然会高涨起来。反之，如果你的形气一直处在低落的状态，比如肩膀一直耷拉着，走起路来双腿仿佛有千斤重，那么你就会觉得情绪很差。

如果你真的希望改变自己的人生，不妨每天花几分钟时间对着镜子练习笑容。这看上去有点可笑，但只要勤于练习，便能和你的神经系统搭上线，让微笑成为你的习惯。

事实上，微笑拥有强大的威力，它能给我们的人生带来巨大的改变。因为在人类所有的表情中，笑是最受人欢迎的，它不仅能影响人们的生理状况，还能促进人际关系的和谐。

你可以找个笑口常开的人向他学习，学他的呼吸方式，学他的肢体动作，学他的面部表情和说话的语调。时间久了，脸上便能自然地露出笑容。

人的潜能很大，要学会将它挖掘出来，让自己处于激发状态。成功的秘密就在于，让自己处于这种激发状态，这会让你充满自信，凭借自己的能力，灵活应对各种环境。

|情|绪|修|习|术|

如果你希望有一个不寻常的人生，那就尝试着去学习成功者身上的形气。记住，成功者之所以成功，首先是因为他们看上去像一个成功者。

微笑可以改变你的一生

认识情绪

> 情绪就像一个茶杯，当它装满坏情绪时，好情绪自然就无法再装入了。

情绪能够直接影响我们的身体，催生不同的能量。只有愉悦的、提振人心的情绪，才能激发出正能量。

20世纪60年代，一位名叫詹姆斯·莱尔德的青年学者在美国罗切斯特大学从事临床心理学研究。

在一次培训中，他被要求与患者面谈，他的导师则在单面玻璃墙后监督。谈话过程中，患者脸上突然浮现出一丝不同寻常的微笑。莱尔德对此产生了兴趣，想知道患者做出这一不寻常的表情时心中的感受。

回家的路上，莱尔德一边开车一边回想这次谈话，对那个微笑产生了浓厚的兴趣。

最后，他也做出同样的表情，试图还原患者当时的感受。结果，他惊奇地发现，这个刻意做出来的表情竟然使他马上快乐起来。这简直不可思议。

于是，莱尔德又尝试着皱了皱眉，结果他发现，自己马上变得悲伤起来。

莱尔德的这个微笑，改变了他整个的职业生涯，他开始研究与情绪相关的心理学理论，最终提出"行为决定情绪"的理论。

该理论认为：当人们露出微笑时，他们会感觉自己很快乐，体内的正能量也越聚越多。而当人们皱起眉头时，会感觉自己无端生起闷气来，心中顿时充满了负能量。

事实上，莱尔德提出这一理论前，就有人在使用它了。

19 世纪末，俄国著名戏剧导演康斯坦丁·斯坦尼斯拉夫斯基就提出体验式表演法，震撼了整个戏剧界。该方法的核心是，让演员控制自己的行为，从而在舞台上感受到真实的情绪。

如今这种方法已经广为应用，包括马龙·白兰度、沃伦·比蒂、罗伯特·德尼罗等在内的众多艺术家都曾使用过。

在日本，人们虽然善于经商，但受传统文化的影响，他们在谈生意时不喜欢表露自己的感情，尤其不喜欢笑。因此，跟日本人谈生意，总是给人一种压抑和刻板的感觉。相反，西方人性格开朗、幽默，很喜欢展示自己的个性。

两种不同文化背景的人坐在一起，常常因为误会导致冲突。为此，日本人想了很多办法，其中就包括用行为改变情绪。

有的公司老板会在下班前 30 分钟，训练员工如何保持微笑。具体方法是：给每个员工发一根短木筷，让他们横着咬在嘴里，固定好面部表情后，再将筷子取出。这是人脸部维持笑容的基本状态，然后发出声音，就好像是在笑。

这种通过行为改变情绪的方法，实际上就是要你学会控制自己的情绪。人的情绪就像一个茶杯，在它装满坏情绪时，好情绪就无法再装入了。而通过调整行为，我们可以把好情绪倒进茶杯，同时将坏情绪拒之门外。

|情|绪|修|习|术

英国诗人艾略特说过："行为可以改变人生，正如人生应该决定行为一样。"一个人如果想象自己身处某种情境，并采取与之匹配的行为，借此感受某种情绪，那么这种情绪就会在不知不觉中出现。

快乐是可以被创造的

认识情绪

> 快乐是可以被创造的，哪怕只是一个细微的改变，也可以让身体充满正面积极的能量。

美国心理学家霍特讲过一个例子。

有一天，他的朋友弗雷德情绪低落，以往遇到这种情况，他总是躲起来不见人，直到心情好转为止。但那天他要跟领导一起去参加一个重要的会议，无法逃避，只好勉强装出一副精力充沛的样子。

会上，弗雷德谈笑风生，表现得亲切热情。让他感到惊讶的是，过了没多久，他就发现自己不再抑郁低迷，就好像之前的糟糕情绪从未发生过一样。

弗雷德并不知道，他在无意中用到一个心理学技巧来调整自己的情绪，即假装自己处于某种情绪下，往往就真的会产生这种感受。

人们常说，快乐是可以创造出来的。此言非虚。心理学研究发现，人类的各种行为，包括走路和说话的方式，都能影响人们的感觉。

美国心理学家萨拉·斯诺德格拉斯研究了走路方式对情绪的影响。

她假装做一个身体活动对心率影响的研究，要求人们用不同的方式走三分钟。其中一半的被试者大步走，摆动胳膊，昂首挺胸；另一半则小步走，拖着脚走路，眼盯着地面。实验结束后，所有被试者给自己的快乐指数打分。

结果显示：大踏步走的人与拖着脚走路的人相比，明显更加快乐。

这个实验证明，快乐确实是可以被创造的。哪怕只是一个细微的改变，也可以让身体充满正面积极的能量。

德国心理学家赛比娜·科赫通过另一个实验证明了这一理论。

她训练了一帮人，教他们用两种不同的方式握手。一部分人学习如何顺畅地握手，另一部分人则学习如何生硬地上下握手。然后，这些人勇敢地和 50 名被试者握手。每一次握手后，科赫都会询问被试者的感受。

结果显示，那些和动作顺畅的人握手的被试者，明显比那些和动作生硬的人握手的被试者更快乐，双方在心理上也更加亲近，认为对方态度随和，更招人喜欢。当然，那些握手动作顺畅的人，他们的自我感觉也很好。

不仅动作，说话的内容也能给我们带来快乐。

20 世纪 60 年代末，美国临床心理学家艾米特·费尔腾找来一批志愿者，将他们随机分为两组，每组给一沓卡片。

第一组志愿者拿到的卡片中，最上面一张提醒大家：每张卡片的内容不同，要大声念出卡片上的话。第二张卡片上写着："今天既不比过去好，也不比过去差。"第三张卡片上的内容则是："然而，我今天感觉确实不错。"

志愿者必须念完全部 60 句话。接近结束时，卡片上的话越来越积极正面。

第二组志愿者也要念卡片上的话，但他们卡片上的话不是积极向上的。相反，他们一直在大声朗读各种事实，包括"土星有时与太阳、地球连成一线，所以我们看不到它""东方列车行驶在巴黎和伊斯坦布尔之间"，等等。

实验结束后，费尔腾让所有志愿者为自己的快乐指数打分。结果，第一组志愿者情绪高涨，而第二组志愿者则没什么特别的感觉。

科赫和费尔腾的实验告诉我们，人们的言行会影响他们的情绪。

因此，从现在开始，让自己的言行举止看上去更加积极、正面吧！哪怕你正在遭遇挫折和屈辱，只要嘴角轻轻上扬，你的人生就会充满快乐。

|情|绪|修|习|术|

一旦我们了解了各种行为对情绪的影响，我们就能借助走路的方式、说话的内容等调整自己的情绪，使自己时刻处于最佳的状态。

让自己表现得更有控制力

认识情绪

> 姿势对人们的自信心有很大影响，不同的行为能够引发不同的能量模式。如果你想让自己表现得更自信，就要让自己表现得更有控制力。

身体语言包含着丰富的信息，不经意间的一个动作或表情，可以反映出一个人的情绪和心理变化。举个例子，人在自信时和紧张时的站立、步行等姿势往往判若两人。很多人还没张口，他的情绪和内心所想，就被身体语言暴露了。

因此，要提高自己的信心，给人自信的感觉，就应该学习强有力的姿势，让自己表现得更有控制力。

哥伦比亚大学研究人员戴娜·卡尼发现，自信的人不仅自我感觉良好，而且更愿意冒险。在他们体内，与控制力有关的睾丸激素含量高，而与压力有关的皮质醇含量低。

卡尼想知道，如果让一些人表现得更有控制力，会发生什么？为了找到答案，她组织了一批志愿者，假装请他们评估一个新的心脏监控系统。

卡尼将所有人分成两组。其中一组志愿者被要求摆出强有力的姿势，比如坐在桌前、双腿跷起放在桌面上、抬头挺胸、双臂交叉放在脑后，或者在桌子后面站着、身体前倾、双手撑在桌子上。

另一组志愿者则被要求摆出两个与控制力无关的姿势。比如，双腿合拢坐在椅子上、双脚放在地上、双手紧握放在膝盖上、眼睛看着地面，或者双臂交叉站着。

两组志愿者坚持了一分钟后，卡尼让他们评价一下自己强大、负责的指数。结果，做出强有力姿势的人打分明显更高。

这个实验证明，姿势对人们的自信心有很大影响，不同的行为能够引发不同的能量模式。如果你想让自己表现得更自信，就要让自己表现得更有控制力。

我们来看几种常见的站姿。

（1）脊背挺直，胸部挺起，双目平视；

（2）弯腰曲背，略显佝偻状；

（3）两手叉腰而立；

（4）双腿交叉而立；

（5）将双手插入口袋而立；

（6）靠墙壁站立；

（7）背手站立。

这七种姿势几乎囊括了人类的所有站姿。不管什么人、在什么场合，基本上都离不开这些站姿。现在，就让我们来看一下它们都代表着怎样的气场和效果。

（1）脊背挺直，胸部挺起，双目平视

如果不是刻意伪装，这个姿势表明一个人具有超强的自信，给人以气宇轩昂、心情愉悦的印象，愿意与人交流任何问题。

（2）弯腰曲背，略显佝偻状

许多人都习惯这种姿势。实际上，这种姿势会让你表现出过强的自我防卫意识和意志消沉。同时，这也表明你在精神上处于劣势，有惶恐不安或自我抑制的情绪。如果你经常以这种姿势面对同事、领导或客户，你很难找到主角的感觉，更多只是随从而已。

（3）两手叉腰而立

以这个姿势示人，表明一个人在心理上有极大优势，在任何领域都居于领导位置。一个人如果对眼前发生的事情没有充分准备，是断不会采取这个动作的。当然，这种姿势并不适合出现在严肃场合，比如商务谈判现场，因为它的攻击性太强。

（4）双腿交叉而立

人们在摆出这种姿势时，多半是靠在墙壁或倚在桌子上。这是一种持保留意见或轻微拒绝的姿势，也是拘束和缺乏自信的表现，有种拒人于千里之外的感觉。

（5）将双手插入口袋而立

这个姿势会给人不露声色、暗中策划和盘算的感觉，是成熟的姿势。如果同时还有弯腰曲背的姿势，则可能是心情沮丧或苦恼的反映。

（6）靠墙壁站立

有这种习惯的人多是失意者，他们通常比较坦白，容易接纳别人。但是，我们要尽量避免在交际场合做出这种姿势，因为它会让人觉得你没有实力，从而减弱对你的认可。

（7）背手站立

这个姿势给人的感觉是信心十足，喜欢掌控局势。但需要注意的是，除非你面对的是下属，否则不要将它带进交际场合。因为这个姿势很容易给人留下官僚主义的印象。

显然，在上述七种姿势中，第一种给人感觉最好，也最能提升自己的情绪指数。这种姿势落落大方，同时又不带迫人后退的侵略性。无论生活还是工作中，我们都应尽可能地使用这种姿势，因为它展现出来的形象是真诚而高贵的，既不会矮化自己，也不会让别人感受到你的锐气。

|情|绪|修|习|术

强有力的姿势能够让血液中的睾丸激素水平明显升高，皮质醇水平明显下降，从而改变我们身体里的化学成分，刺激正面情绪的产生。因此，我们要学会通过身体姿势，让自己表现得更有控制力。

不妨换一件称心的衣服

认识情绪

> 穿上黑色衣服，你就会变得专制、有攻击性；而穿上舒适的衣服，你就会变得更加宽容、乐于助人。

穿衣打扮和情绪关系密切。从某种意义上讲，衣着可以左右和调节人的情绪。选择适当的衣服，具有改善情绪的特殊功效。因此，当一个人感到精神紧张、过度疲劳时，不妨穿一件称心的衣服。

1969 年，加利福尼亚门洛帕克的警察决定，将海军蓝色军队风格的制服换成颜色轻松一点的衣服，以改善社区关系。警察们开始穿上绿色夹克、褐色休闲裤、白色衬衫，系黑色领带，并把枪藏在外套里面。

消息传开后，全美其他 400 多个警察局也决定参与这一实验，让警察穿上不那么正式的衣服。

结果让人惊讶。脱掉象征权力的服装后，警察们逐渐接受了"公众服务者"这一新角色。与身着正装的警察相比，这些警察更少出现独裁暴力的行为。这一时期，警察造成的平民受伤事件下降了一半。

我们都知道，合适的衣着打扮能够影响别人对你的认知。但很多人不知道，衣着打扮也能影响自我认同感。一般认为，人的自我感觉是经年累月缓慢发展起来的，不会受到一件新衣服、一双新鞋这样的小事影响。

但事实并非如此。美国康奈尔大学研究人员马克·弗兰克通过实验告诉我们，衣着打扮能够影响我们的情绪。

弗兰克查阅全美橄榄球联盟的数据，重点研究了五支穿黑色队服的球队的表现，包括洛杉矶突击者队、匹兹堡钢人队和辛辛那提猛虎队。

在美式橄榄球比赛中，违规会受到惩罚，违规球队要退后 5 码、10 码、15 码。弗兰克计算了每支球队在比赛中退后的平均码数，结果发现：与其他球队相比，穿黑色队服的球队受罚后退的码数明显更高，这表明他们在赛场上的行为更具攻击性。

弗兰克又研究了曲棍球联盟的数据，将穿黑色队服的球队与其他球队进行比较。在曲棍球比赛中，根据犯规的严重程度，犯规者会被罚下场 2 分钟、5 分钟、10 分钟。弗兰克发现，穿黑色队服的球员，被罚下场坐冷板凳的时间明显更长。

弗兰克还做了一项特别的研究：他将匹兹堡企鹅队、温哥华加拿大队的球衣换成了黑色。结果显示，更换球衣颜色前，两队的球员都较少坐冷板凳；然而更换球衣颜色后，他们成了冷板凳上的常客。

大量的心理学研究证明，穿着打扮确实会影响人们的情绪。一般来讲，穿上黑色衣服，你会变得专制、有攻击性；而穿上舒适的衣服，你会变得更加宽容、乐于助人。

多年来，心理学家一直建议人们在重要面试前穿上套装和皮鞋，因为他们相信干净利落的服饰会给面试官留下好印象。

这个建议当然没错，但正像许多研究人员发现的那样，干净利落的套装对面试者本身的影响可能更大更深远。因为穿上套装后，他们会觉得自己更加成功，情绪更积极，这反过来促使他们表现得更出色。

|情|绪|修|习|术

生活中的不如意，总是让我们不知不觉陷入坏情绪的泥沼。此时，借助穿衣打扮来调节自己的情绪，显然比暴饮暴食等不健康的方式要好得多。

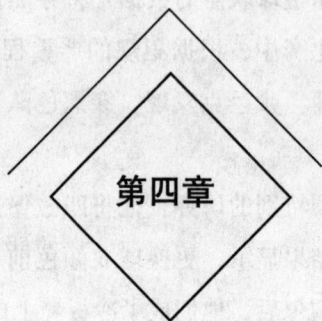

第四章

找到适合你的释放方式

如果过去压抑的情绪没被释放，你就无法安于当下。要想保持良好的情绪，就要学会释放心里的压抑。

释放而不是发泄情绪

认识情绪

> 人们对消极情绪的承受能力是有一定限度的，就像一个人不能总背着一块沉重的石头走路一样。

从健康角度考虑，人有了不良情绪，是需要释放的。但释放也要讲究方法，不分青红皂白，随意将自己的情绪发泄到别人身上，只会害人害己。

有位农场主请了一个水管工来安装水管。

水管工的运气很糟，头一天，先是车子的轮胎爆裂，耽误了一个小时。之后，电钻又坏了。最后，开来的那辆老爷车竟然趴了窝。收工后，不得不请农场主开车送他回家。

到家后，水管工邀请农场主进屋坐坐。在门口，满脸晦气的水管工沉默了一会儿，又伸出双手在门旁的一棵小树上抚摸片刻。然后，他才打开门，先和两个孩子紧紧拥抱，再给迎上来的妻子一个热情的吻，最后才喜气洋洋地招待新朋友。

农场主离开时，水管工出门送他。按捺不住好奇心的农场主问水管工："刚才你在门口的动作有什么用意吗？"

水管工爽快地回答："有，这是我的烦恼树。我在外面工作难免磕磕碰碰，但家里有老婆孩子，所以不能把烦恼带进门。我把烦恼挂在树上，让老天爷管着，明天出门再拿走。奇怪的是，第二天烦恼大都不见了。"

水管工的故事告诉我们，一旦有了不良情绪，就应该通过适当的途径来排遣和发泄。喜怒不形于色，强行压抑，不但无法化解情绪，还会严重损害我们的身体健康。

生活中,我们每天都要面对各种压力。这些压力可能来自家庭、工作,也可能来自感情、人际关系。无论来源是什么,压力如果一直得不到释放,就会造成沉重的心理负担。最后一旦爆发,就可能给自己和他人带来伤害。

每个人的潜意识里,都有一定的攻击性。例如,有的人受挫后,会用力将门打开或关上,或者随手将东西扔出去、冲人发脾气等,这都是攻击性的表现。

那些不懂得合理释放情绪的人,攻击性比一般人更强。比如,有的人稍有不快就不分场合、不分对象乱发一通脾气。尽管他们自诩为心直口快,但对他人造成的伤害却是无法挽回的。时间久了,就没有人愿意和这种人共事或者交朋友了。

所以,生活中要学会合理地释放自己的情绪。前面故事中讲到的那个水管工,就很好地借助烦恼树,在回家前将自己的不良情绪全部倾倒掉。

人们对消极情绪的承受能力是有限的,就像一个人不能总背着一块沉重的石头走路一样,这样不仅会减缓前进的步伐,甚至有一天,石头还会把你压得喘不过气来。

合理释放情绪,是情绪控制力较强的表现。这样可以缓解压力,保证我们的身心健康。那些能够控制情绪的人,都是懂得轻装上阵、适当发泄自己情绪的人。

|情|绪|修|习|术

释放情绪有很多种方法,不同的人需要不同的方式。有的人只需要坐下来发呆就能平静下来,而有的人则需要读一本书才能平静下来。所以,找到一种适合自己的情绪释放方法,是非常重要的。

学会和愤怒做朋友

认识情绪

> 发泄怒火会增加攻击性，那些受到冒犯后猛敲钉子的人，会变得比没有敲钉子的人更加刻薄。

有的人很容易发怒，有的人则相对温和。无论哪种人，都应学会控制愤怒。

对愤怒置之不理是一种危险的选择，有时候你的压抑只是暂时把怒火存在心里，随着时间的推移，最终还是会连本带息地爆发出来。

正确的做法是找到一种健康的发怒方式，当你愤怒时，及时将它释放出去。

有一个小男孩，常常无缘无故地发脾气。为了改变他的这种性格，父亲给了他一大包钉子，让他每发一次脾气就用铁锤在后院的栅栏上钉一颗钉子。

第一天，小男孩在栅栏上钉了12颗钉子。他发现，控制自己的脾气比往栅栏上钉钉子容易得多，于是渐渐学会了控制自己的愤怒，每天在栅栏上钉的钉子也慢慢减少。

终于有一天，小男孩没有在栅栏上钉下一颗钉子。

他的父亲又建议道："如果你能坚持一整天不发脾气，就从栅栏上拔下一颗钉子。"

过了一段时间，小男孩终于把栅栏上所有的钉子都拔掉了。

父亲拉着他的手来到栅栏边说："孩子，你做得很好。但是你看，那些钉子在栅栏上留下了小孔，只要栅栏还在，这些小孔就不会消失。同样地，当你向别人发脾气时，你的言语就像这些钉孔一样，也会在人们的心中留下疤痕。你这样做，就好比用刀子刺向某人的身体，然后再拔出来。无论你说多少次对不起，那些伤口都会永远存在。"

听了父亲的话，小男孩再也没有乱发过脾气。

看到这个故事，大多数人会以为猛敲钉子是一种释放愤怒情绪的健康方式。事实恰恰相反，最近几十年的研究显示，发泄怒火会增加攻击性，那些受到冒犯后猛敲钉子的人，会变得比没有敲钉子的人更加刻薄。

这个故事的意义不在于告诉我们一种健康的发怒方式，而是提醒我们，当你向别人发脾气时，可能会给别人带来伤害，进而影响到自己的人际关系。

其实，愤怒是一种正常的情绪。

美国耶鲁大学教授西格尔·巴塞德的一项研究表明，有 1/4 的人每天都会产生愤怒情绪，这些愤怒大多来自工作和上下班时间。

这些人有的很容易被激怒，一点就着；有的不喜欢表达内心的愤怒，而是将它放在心底；有的在这里受了气，跑到别处发；还有的喜欢转嫁责任，永远不去正视自己。

愤怒并不可怕，可怕的是不懂得如何健康地释放愤怒。

有了怒气，迅速而果断地表达出来，对身心健康固然有益，但这种方式带有很强的侵略性和攻击性，很容易对他人造成伤害。因此，发泄怒火最正确的方式是，明确你的目的是什么，并清楚地表示出来，同时要尊重他人。

还有另一种方法，那就是转移你的愤怒。当心头的怒火噌噌往上蹿时，强迫自己不要再去想它，转而想一些快乐的事情，转移自己的注意力。只要给愤怒一点时间，哪怕只是几分钟，你的怒气就会烟消云散。

|情|绪|修|习|术|

愤怒是不能消除或避免的，不恰当的发怒方式会给自己和他人带来伤害。健康地发怒是一个人高情商的表现，每个人都应该加强修炼。

找到合适的出气筒

认识情绪

那些善于把自己的感觉或关注的问题写下来的人，比只思考而不动笔的人更加健康快乐。而且当我们说出心中的感觉后，愤怒的情绪会得到缓解。

生活中，我们最常犯的错误之一是对陌生人太客气，而对亲近的人太苛刻，总是发脾气。对此，还振振有词地说："你是我最亲近的人，我不对你发脾气对谁发?"

这种做法很容易把负面情绪转嫁给身边亲近的人，对他们的身心健康造成损伤。

生气时需要释放情绪，这本来无可厚非，但一定要找到合适的出气筒，这样才能够既不伤人，又不伤己。

美国总统林肯就是一个善于找出气筒的高手。

有一天，陆军部长斯坦顿来到他的办公室，气呼呼地说，一位少将用侮辱性的语言指责他偏袒一些人。

林肯听了也很生气，就建议斯坦顿写一封内容尖刻的信回敬那家伙。他甚至怂恿斯坦顿："可以狠狠地骂他一顿。"

斯坦顿立刻写了一封措辞严厉的信，然后拿给林肯看。

"妙! 太妙了! 这样骂他，真是解气! 要的就是这个! 你写得太绝了。"林肯看后高声叫好。

然而，当斯坦顿把信叠好装进信封时，林肯却拦住了他："你想干什么?"

斯坦顿回答:"寄出去啊。"

林肯大声说:"千万不要这么做。这封信不能发,快把它扔到炉子里去。凡是生气时写的信,我都是这么处理的。这封信写得好,写的时候你已经解了气,现在感觉好多了吧?那么就请你把它烧掉,再写第二封信吧。"

研究表明,那些善于把自己的感觉或关注的问题写下来的人,比只思考而不动笔的人更加健康快乐。而且当我们说出心中的感觉后,愤怒的情绪会得到缓解。

就像林肯那样,把所有的不满和怨恨都写在纸上,然后烧掉它,让你的愤怒随着火焰变成灰烬,随风飘去。

伍德亨担任美国金融公司负责人期间,取得了辉煌的成就。据说,这得益于他年轻时养成的情绪释放习惯。

当时,他还是一个公司的小职员,受到同事们的轻视。一次,他忍无可忍,决定离开这个公司。临行前,他用红墨水把公司里每一个人的缺点都写在纸上,将他们骂得体无完肤。骂完后,他的怒气逐渐消去,决定继续留在公司。

从那以后,每当心中有怒气,他总是用红墨水把满腹牢骚写在纸上,然后立刻感觉轻松了不少,好像被放了气的皮球一样。他把这些纸条藏起来,从不拿给别人看。

后来,同事们知道这件事后,都觉得他很有涵养。领导知道后,也对他青睐有加。

情绪一旦得到释放,整个人都会轻松起来。但是,情绪释放不能采取过激手段,尤其要避免针锋相对,那样只会让事情变得更糟。像林肯那样,找到一个合适的出气筒,既不伤害别人,也不伤害自己,这才是一种比较明智的选择。

|情|绪|修|习|术

房子起火时,首先要灭火,而不是去找放火的人算账。因为当你去算账时，你的房子已经烧光了。同样，当你有愤怒时，最重要的是照顾好自己，在心情平复之前，千万不要冲动地做出反应。

越运动，心情越舒畅

认识情绪

> 研究发现，越运动越有精力。因为只有运动，才能使大量的氧气进入身体，从而让所有的器官都活起来。

在改善情绪的各种方法中，运动尤其是耗氧运动最能消除人的烦恼情绪。

这是因为运动不仅能达到宣泄效果，也能改善人们的身心状态。医学研究证明，运动可以媲美振奋情绪的药物。

心理学家塞伊说，一件坏事只有在你情绪低落时才会影响你。而人们在身体状况不佳时，很容易情绪低落。所以，如果你没有好的身体，就无法拥有它的快乐。

前几年，在法国兴起一种娱乐场所——运动消气中心，很快就风靡全世界。这些运动消气中心宣称，他们能够让顾客满腹怨气而来，轻松愉快而归。

中心的创办人大多是运动心理专家和有经验的心理咨询医生，里面有专业教练、心理师提供咨询和指导，针对失业、失恋、家庭矛盾等各种问题，帮助人们进行情绪调节。

研究表明，运动是缓解抑郁情绪的好方法。当顾客来到运动消气中心后，他们会告诉来访者如何大喊大叫，甚至骂人、摔东西等。他们甚至专门设计了一种运动量颇大的消气操。有的运动消气中心上下左右都铺满了海绵或者地毯，任人摸爬滚打。

由于大多数顾客能够失意而来，满意而归，所以这一生意日渐兴隆。

那么，运动为什么能消气呢？答案是，一切情绪来源于身体。

换句话说，身体好了，情绪就会好起来。而运动能够让我们的身体保持在一个良好的状态。研究发现，越运动越有精力。因为只有运动，才能使大量的氧气进入身体，从而让所有的器官都活起来。

伦敦大学研究人员对两万名男女进行了测试。结果发现，一个人运动的时间越长，心情越舒畅。对一般人来讲，应以中等强度的运动为主，心率保持在 130 次/分左右，运动持续时间为 40—50 分钟，每周锻炼 5—6 次，才能收到较好的运动效果。

如今的社会，郁闷、无聊等成了许多人的口头禅。闲极无聊时，人们宁可整天宅在家里上网、睡觉，也不愿把时间花在运动上。

表面上看，无聊是因为无事可做，但从心理学角度来看，这其实是源于内心的空虚。而运动是排解空虚和郁闷最有效的方式。

郁闷是由于人体的内环境发生变化，某些化学成分聚集增多而导致的。运动能够有效排解、释放这些化学物质，使人们通过内环境的变化达到改善心境的效果。

要通过运动释放负面情绪，关键是做一些耗氧运动，比如跑步、骑自行车、快走、游泳等。这些运动可以加快心跳，加速血液循环，改善身体对氧的利用。

需要注意的是，运动不是简单的流汗，而是打造健康的躯体，树立乐观的生活态度，所以一定不能把它当作负担。

没有运动习惯的人，不要急于求成，不要一上来就做剧烈的运动，而要让自己的身体逐渐适应运动的节奏。过量运动只会让自己感到疲惫，并削弱我们对运动的热情。

|情|绪|修|习|术

郁闷时宅在家里，显然不会让我们的情绪变好。要走出阴影，最好的办法

是做运动。为自己制订一个运动计划并行动起来，一方面可以给健康加分，另一方面也能够让自己充实起来，消除负面情绪，可谓一举多得。

让自己忙碌起来

认识情绪

> 人一旦闲下来，负面情绪就会滋生。相反，那些忙碌的人很少受负面情绪的影响。

没有人喜欢忙碌，但很多人却享受忙碌之后的情绪释放。

事实证明，适当的忙碌可以赶走我们的负面情绪。因为人一旦忙起来，就无暇顾及仇恨和嫉妒，也没工夫理会嘲笑和鄙夷。从这个意义上讲，忙碌是快乐的源泉，而懒惰只会使生活变得索然无味。

瑞典地处北欧，是一个高福利国家。瑞典人从出生到死亡，都享受国家的福利。由于地广人稀、土地肥沃，瑞典人不愁吃穿，读书看病不要钱，失业了每人每月还可以领到 1.3 万克朗的救济金，相当于 1.3 万元人民币。

这样的收入，比北京上海的白领还要高。

按理说，瑞典人应该很幸福才对，但事实并非如此。瑞典每年有 2000 多人自杀，是世界上自杀率最高的国家之一。在瑞典的新闻里，"自杀"一词司空见惯。曾获得世界冠军的摔跤运动员米歇尔·永贝里，就是在年仅 34 岁时自杀的。

瑞典的自杀率为什么高？原因之一是生活太安逸，闲得无聊。因为没有生存压力，瑞典人的脑子里每天都在想一些哲学问题，比如，"上帝要我们来干什么？"想不出生命的意义，想不清为什么活着，就选择自杀了。

人无事可做时往往头脑麻木。但自然界没有绝对的真空状态，当你的大脑空出来的时候，总有东西要填进去，而这部分东西就是你脑中一直想象的事情。

忧虑、恐惧、憎恨等情绪是人类思维控制和影响下的产物，这些情绪非常猛烈，通常会乘虚而入，赶走我们脑海中安逸的想法。所以，人一旦闲下来，负面情绪就会滋生。相反，那些忙碌的人很少受负面情绪的影响。

人们常说闲出病来，但很少有人说忙出病来。这是因为，当我们闲下来的时候，运动量会减少，身体的抵抗力随之降低，各种疾病找上门来。与此同时，与他人的交流也会减少，从而引起精神方面的压抑，最终带来情绪上的不良影响。

有的人退休后整天待在家里，结果老得很快。而有的人退休后会找一些事情干，充实自己的生活，不让自己闲下来，结果身心都非常健康。

美国行为科学家克里斯多夫·海希教授招募了一批学生作为志愿者，让他们填一张调查问卷。填完后，有 15 分钟的空闲时间，可以选择当场交卷，也可以走一段路，到另一个回收点交问卷。

虽然有 68% 的参与者不愿多花时间，就近交了问卷。但调查仍然发现，那些愿意多走几步的人，比就近交卷的人更快乐。

海希教授据此认为，找点事做、保持忙碌感会给人带来快乐。

事实上，不管精神上的思考还是体力上的劳动，都能提升人们的快乐感。这就是为什么有些工作狂每天工作十几个小时，精神状态却始终非常好的原因，因为他们从工作中获得了快乐。

最关键的是，当你忙碌起来的时候，你会忘掉那些烦心的事。

第二次世界大战期间，英国首相丘吉尔每天工作 18 个小时。有人问他会不会因为责任重大而焦虑，他说："你没看到我的繁忙吗？哪有时间分给焦虑？"

|情|绪|修|习|术|

没有时间焦虑的人，比那些整天胡思乱想的人幸福。很多人之所以情绪低落，不是因为他们真有什么烦心事，而是因为他们每天有大把的时间无事可干，只好胡思乱想，结果生出一堆闲事，真是庸人自扰。

有痛苦，要适当地向人倾诉

认识情绪

> 倾诉是一种很有效的情绪控制方法。有一种观点认为，女性的平均寿命之所以高于男性，与女人爱唠叨是分不开的。

当你和朋友分享快乐，你会觉得幸福；当你向朋友倾诉痛苦，你的痛苦会减轻。

倾诉是一种有效的情绪控制方法。有一种观点认为，女性的平均寿命之所以高于男性，与女人爱唠叨是分不开的。

因此，当你情绪不佳时，不妨做做深呼吸，伸伸懒腰，然后给朋友打电话随便聊聊，这样你的坏心情会在不知不觉中被化解。

与男性相比，女性更喜欢倾诉，她们总是絮叨自己的喜怒哀乐、家长里短。从这一点来看，女性比男性更善于宣泄内心的不良情绪。这是清除体内毒素的良方。

相比之下，大多数男性有了烦恼只会闷在心里，不善于倾诉，压抑自己，或者借酒浇愁。结果是，愁没有解，身体垮了。

其实，男性有了苦闷，也需要向人倾诉。这是一种调节身心的方法。如果压力太大又不与人交流，长期郁积于心，很容易产生抑郁症，并导致食欲不振、睡眠不好等症状。

为什么向别人倾诉时，我们会感到非常愉悦呢？

答案不是因为你把痛苦分摊给了别人，而是因为你在倾诉时，会放下许多平常不能放下的东西，打开封闭已久的心，从而更容易找到自身的问题，同时得到朋友的建议。

与女性相比，男性天生有一种征服的欲望，遇到天大的难事，都要自己承担，不服输和强者无敌的心态让他们不太愿意向别人袒露心声。所以有人说，男人用思考解决问题，女人用倾诉释放情绪。这么说不无道理。

需要注意的是，找人倾诉要选择好对象。

不是所有人都可以当作倾诉对象，也不是所有事情、所有场合都适合倾诉。在适当的场合向适当的人倾诉，才会达到良好的效果。如果倾听者也有同样的困扰，不但解决不了问题，还会受到对方负面情绪的影响，以致事情越变越糟。

所以，最好找心态乐观的家人、朋友倾诉，这样对方才会认真倾听，并给你提供好的建议，帮助你尽快从苦闷中走出来。

虽说适当的倾诉有助于保持身心健康，但有些女性会陷入一种越说越想说的恶性循环中不能自拔，像喝了爱说话的酒一样，我们称之为"倾诉饥渴症"。这些人极度依赖被倾诉对象，完全失去了情绪的自我调节能力。

如何区别正常的倾诉和倾诉饥渴症呢？

一般来讲，正常倾诉的女性在倾诉后会非常放松，并很快将精力集中在其他事情上。而患有倾诉饥渴症的女性只能在倾诉中获得快感，因此必须不断倾诉，哪怕对同一件事重复一百遍依然意犹未尽。

研究发现，过度的倾诉并不利于消除忧伤的情绪。

"9·11"事件发生后，美国心理学博士马克·西里随机调查了2000名事件亲历者，并进行长期跟踪。其中一部分人对自己的感受避而不谈，另一部分人则经常向别人诉说自己的经历。两年后发现，在心理创伤的康复上，经常倾诉的人反而不如沉默的人好。

|情|绪|修|习|术|

倾诉可以口若悬河，也可以寥寥数语；可以信手拈来，也可以深思熟虑。只要紧张情绪得到释放，倾诉就是有效果的。

食物会影响人的情绪

认识情绪

> 吃东西会影响人们的情绪，因为食物中的成分能够改变血液中某些神经递质的浓度水平。

很多人情绪不好时，喜欢暴饮暴食。这是他们发泄情绪的方式。但是，你知道吗，吃东西也能影响人们的情绪？

我们都有这样的经历：当心情跌到谷底时，就想买一包薯片来吃；当压力特别大时，就特别想吃甜食。这不是情绪化的偶然现象，而是生理上的自然需求。

研究发现，人处于某种情绪状态时，体液中某些特定的因子数量会增高或降低。这些因子可能是激素、蛋白分子、维生素或其他化学物质，科学家将它们统称为情绪激素。

我们每天吃掉的食物当中，有一些在体内消化过程中会影响情绪激素的代谢，甚至直接产生类似的化学物质，从而潜移默化地影响人们的情绪。

此外，研究人员还发现，食物对情绪的影响力体现在食物中的成分可以改变血液中某些神经递质的浓度水平。所谓神经递质，是指可以携带一定身体信息的化学"信使"，它们来往于神经细胞之间，传递诸如焦虑、忧郁、警觉、轻松等情绪信息。

影响人类情绪的两种神经递质分别是 5－羟色胺类和肾上腺素类，前者影响情绪，后者影响动机。许多抗抑郁药物就是通过调节它们的水平高低来达到疗效的。

美国麻省理工学院的科学家认为，食物中的一些营养素正是这些神经递质的前体，当身体摄入这些营养素之后，通过体内加工，可以形成相应的神经递质。一定量的营养素可以产生一定量的神经递质，从而影响它们在体内的浓度水平，最终影响我们的情绪。

所以，从理论上讲，我们可以通过调整食谱来调节自己的情绪。

那么，如何才能既吃得开心，又吃出好情绪呢？下面是一些有效的方法。

（1）吃出积极的情绪

蛋白质在人体内会被分解成各种氨基酸，其中一种氨基酸可以提高某类神经递质的含量，从而提高人们的警觉性，使人处于积极主动的情绪中。所以，多吃高蛋白的食物可以增加我们的积极情绪。其中，鱼、禽、肉、蛋就是代表，奶和豆腐也是不错的选择。

（2）吃出愉快的心情

碳水化合物能够刺激复合胺的分泌，使人安静，甚至产生睡意。谷物、麦片和水果富含碳水化合物，它们需要长时间来消化吸收，可以使血糖长时间维持在一定的浓度，让人们的心情稳定愉快。

（3）吃出温和的性格

美国麻省理工学院的生物学家证实，长期保持清淡饮食的人，性情比较温和。这是因为蔬菜、水果中含有大量血清素，具有让人增强睡意的功效，能够降低人的攻击性。

（4）吃出勤快的行为

血豆腐含有人体最易吸收的血红素和铁，青椒富含维生素 C，能够促进铁的吸收，两者搭配在一起，就可以赶走人们的慵懒情绪。

|情|绪|修|习|术

　　食物时刻影响我们的情绪。只要我们做出科学的安排，就可以从一日三餐中吃掉烦恼，吃出稳定情绪来。

第五章

不要让别人左右你

很多时候，我们总是为别人的事情在烦恼，
为一些和自己无关的事情闷闷不乐。

不要被对方激怒

认识情绪

> 生活中，要避免做愤怒的傻子。你一怒，大家只看到你丧失理性的怒火，而看不到对方的伎俩。即使你本来是无辜的，在别人眼里也会变成理亏的。

生活中，免不了被人挑衅。遇到这种情况，我们要学会克制。要用有理、有利、有节来代替愤怒，不要把愤怒写在脸上，不要让冲动湮没了我们的理智。

美国石油大王洛克菲勒参加某一案件审理时，面对对方律师粗暴的质问，始终保持冷静甚至不动声色，最终打赢了这场官司。而他的对手则被他的冷静激怒，最终失利。

质问是围绕一封信展开的。对方律师在法庭上不怀好意地问道："洛克菲勒先生，我希望你把之前我写给你的那封信拿出来。"

这件事涉及美孚石油公司的许多内幕，洛克菲勒明白，该律师是无权质问的。然而，他并未做任何辩驳，只是安静地坐在自己的椅子上，没有任何表示。

"洛克菲勒先生，你收到那封信了吗？"法官开始发问。

"是的，法官先生。"

"那么，你回复那封信了吗？"

"没有。"

法官又拿出一些其他信件，当场宣读。

"洛克菲勒先生，你确定这些信都是由你本人接收的吗？"

"是的，法官先生。"

"那么，你说你没有回复那些信？"

"我没有，法官。"

对方律师忽然插话道："你为什么不回那些信，你认识我，不是吗？"

"是的，当然，我之前是认识你的。"

此时，对方律师的情绪开始失控，暴跳如雷，但洛克菲勒依旧安静地坐在那里。全场鸦雀无声，只有律师一个人在号叫。最后，失去理智的律师不小心说出了真相。

结局可想而知，洛克菲勒赢得了这场官司。

在这个案例中，对方律师的技术并非不好，证据也并非不充分，他输就输在情绪失控上。对律师而言，最重要的品质是处变不惊，即便发生意外，也要保持冷静，尤其不能失去理智。此案中的律师，被洛克菲勒的冷静激怒，最终输了官司。

那么，怎样避免别人影响你的情绪呢？首先，不要愤怒，因为愤怒会降低你的智商；其次，不要仇恨，因为仇恨会使你丧失判断力。

换一个角度来讲，要打败一个人，先要激怒这个人。

如果我们有计划地故意激怒对方，那么打败他的可能性就很高。因为人一旦被激怒，他的各种反应都会在你的掌握中。

不仅如此，对方被激怒后，通常会因为情绪失控而做出错误的决定。这样一来，你就可以在不动声色间战胜对方。

既然我们可以激怒别人，那么反过来，别人也可以激怒我们。因此，我们要注意，不要掉到别人为你设计好的情绪圈套中。

有两种常见的情绪圈套。

第一种是在言语上激怒你。例如，讽刺你、挖苦你，或者指桑骂槐、无中生有、含沙射影，等等。

第二种是在行为上激怒你。例如，故意刁难你，左一句"很难配合"，右一句"可行性不高"，等等。

当对方有意要激怒你的时候，动作一般不温不火，甚至姿态摆得很低。这时候，你明知道他是故意的也没有办法，只能不动声色地忍下来。

千万不要被对方激怒。你一怒，大家只会看到你丧失理性的怒火，而不会看到对方的伎俩。这样，你本来是无辜的，在别人眼里也会变成理亏的。

|情|绪|修|习|术

杜月笙曾说：一等人没脾气有本事，二等人有脾气有本事，三等人没脾气没本事，四等人有脾气没本事。真正有本事的人，不会轻易被人激怒。因为愤怒会让人失去理智，做出意想不到的事情，最终害人又害己。

正确对待别人的成功

认识情绪

> 嫉妒是一把刀，在忌恨别人的同时，也扎伤了自己。嫉妒是一种恨，这种恨让你对别人的幸福耿耿于怀，却对别人的遭遇幸灾乐祸。

每个人的成功，背后都付出了你看不见的努力。因此，不要嫉妒别人的成功，与其跟别人怄气，跟自己怄气，不如埋头苦干，创造出属于自己的成功。

事实上，嫉妒不但不能帮助你成功，还会严重影响到你的情绪和身心健康。

嫉妒是一把刀，在忌恨别人的同时，也扎伤了自己。嫉妒是一种恨，这种恨让你对别人的幸福耿耿于怀，对别人的遭遇幸灾乐祸。

19世纪初，肖邦从波兰流亡到巴黎。当时，匈牙利钢琴家李斯特已蜚声乐坛，而肖邦还是个默默无闻的小人物，但李斯特对肖邦的才华颇为欣赏。

怎样才能让肖邦赢得观众的赞誉呢？李斯特想到了一个巧妙的办法。

当时的钢琴演奏会，通常会把现场的灯光全部熄灭。灯灭了，四周一片漆黑，观众便能聚精会神地听演奏。在一次演奏会上，李斯特坐在钢琴面前，当灯一灭，他就悄悄地让肖邦过来代替自己演奏，观众被美妙的钢琴演奏征服了。

演奏完毕，灯亮了，人们惊奇地发现，演奏者不是李斯特，而是一位默默无闻的小人物。他们既为横空出世的钢琴新星感到高兴，又对李斯特推荐新秀的行为深表钦佩。

生活中，像李斯特这样毫无嫉妒心的人少之又少。因为从某种意义上来讲，一个竞争的社会必然会导致嫉妒的存在。

嫉妒是基于竞争的。不同领域的人，由于没有竞争，通常不会产生嫉妒。例如，文人不会嫉妒明星走红，演员不会嫉妒商人暴富。

当然，如果文人骨子里是演员，演员骨子里是商人，他们就会嫉妒明星巨贾，渴望走红暴富，因为都在名利场上，有了共同的领域。

在同一领域，人们对于远远不如自己的人，或者远远超过自己的人，也不容易产生嫉妒。因为水平太悬殊，构不成竞争。

嫉妒最容易发生在水平相当的人之间，他们之间最容易较劲。由于太优秀的人和太愚笨的人毕竟只是少数，大多数人都只是普通人，所以嫉妒是普遍存在的。

嫉妒在大多数时候都是消极的，它会导致中伤别人、怨恨别人、诋毁别人等行为。

另一方面，嫉妒通常和心胸狭隘、缺乏修养联系在一起。心胸狭隘的人经常因为一些微不足道的小事产生嫉妒心理，别人在任何地方比他强，都会成为他嫉妒的理由。

心胸狭隘的人往往会将嫉妒转化成消极的行为，破坏人际关系。与之相反，心胸宽广的人则会把嫉妒变成前进的动力，在不满的情绪中尽力寻找希望。

英国哲学家伯特兰·罗素在《快乐哲学》一书中对嫉妒做过精彩的评述，他说：

"嫉妒尽管是一种罪恶，它的作用尽管可怕，但并非完全是一个恶魔。它的一部分是一种英雄式的痛苦的表现。人们在黑夜里盲目地摸索，也许走向一个更好的归宿，也许只是走向死亡和毁灭。要摆脱这种绝望，寻找康庄大道，文明人必须像他已经扩展了的大脑一样，扩展他的心胸。他必须学会超越自我，在超越自我的过程中，学得像宇宙万物那样逍遥自在。"

按照罗素的观点，要避免嫉妒别人，最好的办法是扩展我们的心胸。

具体而言，当我们嫉妒别人的成功时，完全可以换一种心态，替别人感到高兴。当你这样做的时候，你会发现自己变得很释然，心情也随之好了很多。

|情|绪|修|习|术

在这个世界上，总有人比你更有才能、比你更富有、比你更漂亮。享受自己拥有的，不羡慕自己没有的，这样才能保持愉快的心情。人活一世，不可能拥有所有的东西。与其为自己没有的东西烦恼，不如安于已经拥有的快乐和平静。

世界从不公平，努力是唯一出路

认识情绪

> 在这个世界上，不存在绝对的公平。对此，我们只能坦然接受，因为抱怨不能改变任何现状，却会让我们的情绪变得更糟糕。

在这个世界上，不存在绝对的公平。对此，我们只能坦然接受，因为抱怨不能改变任何现状，却会让我们的情绪变得更糟糕。

与之相反，当我们停止抱怨、停止表达消极情绪时，我们的内心会产生快乐的念头。因为心灵就像一座意念工厂，随时都在运转，一旦消极的想法缺乏市场，工厂就会重建，转而生产快乐的想法，从而让我们的行为也变得积极主动。

拿破仑年轻时，是穷困的科西嘉贵族。尽管贫穷，他照样在贵族学校上学。在校期间，他经常被富有的贵族子弟嘲笑。他们嘲笑拿破仑穷，总是在他面前显摆。

面对别人的嘲讽，拿破仑并没有自卑，反而坚定了一定要出人头地的决心。于是，到部队后，当别人把时间消耗在无聊的事情上时，他却在埋头读书。

当时，他可以不花钱在图书馆借书读，这让他有了很大的收获。学习的时候，他把自己当成将军，然后将科西嘉岛的地图画出来，用数学方法精确地在地图上计算出哪些地方应当布置防范。这样，他的数学能力得到了飞速提升，同时也意识到了自己的长处。

拿破仑的长处很快被长官发现。长官派他在操场上执行一些任务，这些任务需要极复杂的计算能力，而这正是他的优势。毫无疑问，他非常完美地完成了任务。

由于表现出色，属于他的机会也接踵而至。很快，他就有了权势。而那些之前嘲笑他的人又投靠了他，成为他忠诚得力的下属。

世界上没有绝对的公平。我们的一生，总会遇到各种各样的不公平，即使今天没有遇到，将来也会遇到。

有的人遇到不公平的时候，只知道抱怨，从来不去想自己如何通过奋斗来改变这种不公平。试想，如果年轻的拿破仑面对不公平只知道抱怨，还会有后来的人生辉煌吗？

因此，要想得到公平，唯一的办法是：用自己的进取去创造公平。

进取心是一种积极向上的力量，它是每一个生物体的本能，存在于每个人的体内，推动我们不断完善自我，勇敢追求成功。

世界潜能大师安东尼·罗宾说过："并非大多数人命里注定不能成为爱因斯坦式的人物，任何一个平凡的人，只要发挥出足够的潜能，都可以成就一番惊天动地的伟业。"

爱因斯坦之所以成功，不在于他的大脑有多么与众不同，而在于他的进取心。用他自己的话来讲，就是"超越平常人的进取精神以及为科学事业忘我牺牲的精神"。

历史上的成功者，大多数是那种无论身处怎样艰苦、不公平的环境，都拥有一颗强烈进取心的人。他们凭借自己的努力，最大限度地发掘自身潜能，把工作做得比别人更出色。

有人曾经问世界首富比尔·盖茨，他是如何获得成功的。盖茨的回答是："工作勤奋，我对自己要求很苛刻。"

实际上，盖茨每天都废寝忘食地工作。他每天上午大约 9 点钟来到办公室，之后就一直工作到深夜，除了吃饭时休息一小会儿，始终处于工作状态。

众多的事实表明，不公平是客观存在的，要想改变自身的状况，努力是最重要的。那些抱怨不公平的人，只会让自己的情绪越来越糟糕，最终一事无成；而那些面对不公平迎难而上的人，则会创造出属于自己的美好未来。

|情|绪|修|习|术

面对不公平，不要陷入无休止的抱怨，而应朝着人生的目标努力前进。有了这种动力，一切不公平都只是生活中的小插曲。换一个角度，你的人生就会不同。

把敌人变为朋友

认识情绪

> 懂得宽恕的人，不钻牛角尖，退一步迎来海阔天空；不懂得宽恕的人，路越走越窄，等待他们的，将是昏暗的人生。

生活中，矛盾、摩擦时有发生。对此，人们的心态各有不同。心胸宽广的人懂得包容和宽恕，在他们眼中，世界永远是积极向上、阳光明媚的。相反，心胸狭隘的人为人刻薄，喜欢刁难人，在他们眼中，世界永远是消极落寞、忧郁阴霾的。

懂得宽恕的人，不钻牛角尖，退一步迎来海阔天空；不懂得宽恕的人，路越走越窄，等待他们的，将是昏暗的人生。

威廉·麦金莱担任美国总统时，想任命某人做税务部长，却遭到许多政客的反对。他们派遣代表前往总统府进谏麦金莱，要求他说明委任此人的理由。

为首的代表是一个身材矮小的国会议员，他脾气暴躁，说话粗声粗气，一上来就对总统破口大骂。

然而，麦金莱一声不吭，任凭他声嘶力竭地谩骂。直至这位议员自己安静下来，麦金莱才开始心平气和地说："您讲完了，怒气平息了吧？按理说，您是没有权利这样责问我的，尽管这样，我还是愿意详细给您解释……"

听了总统的话，这位议员羞惭万分。但总统还没等他道歉，就和颜悦色地说："其实也不能怪您，任何不明白真相的人，都会大怒。"接着，他把自己的理由一一解释清楚。

这位议员回去向同僚们汇报时，只是说："我记不清总统的全部解释，但有一点可以报告，那就是——总统的选择并没有错。"他已经完全被总统的风度所折服。

麦金莱身为总统，面对别人的谩骂还能够心平气和，甚至主动替对方考虑，这样的心胸不管是不是装出来的，都令人敬佩。

情商高的人，无论在何种情况下都不会轻易发怒。他们总是能够控制自己的情绪，不会因为小事而情绪失控，因为他们知道结果才是最重要的。从某种意义上讲，他们之所以不会被别人影响自己的情绪，是因为他们总是以大局为重，以结果为导向。

2009 年 4 月 2 日，在欧洲上演了一场南非世界杯预选赛，对阵双方是大名鼎鼎的德国队和威尔士队。由于欧洲球队无弱旅，比赛进行得非常激烈。

当比赛进行到下半场 38 分时，出现了令人惊讶的一幕：德国队队长巴拉克在一次防守任务结束后，用手指向本队年轻的前锋波多尔斯基。结果，这位年轻的前锋竟然拨开巴拉克的手臂，打了他一个耳光。

正当所有人都认为巴拉克不会善罢甘休，球队会因此发生内讧时，巴拉克却仅仅捂了一下脸颊，很快又投入比赛中。最后，德国队以 2∶0 完胜。

作为德国队的灵魂，巴拉克在遭受耳光羞辱后，并没有情绪失控，而是从大局出发，用自己宽广的胸襟征服了无数观众的心，也成为波多尔斯基永远的偶像。

试想一下，如果巴拉克当时情绪失控，与波多尔斯基针锋相对，结果会如何呢？

不要让别人影响到自己的情绪，这说起来容易，做起来却很难。因为很多时候，别人对你的挑衅、对你的侮辱，激烈到任何人都难以容忍的地步。在这种情况下，依旧能够心平气和地面对问题的人，总会受到人们的敬佩，并成为人们学习的对象。

学习什么呢？其实很简单，就是一种宽容的心态，以及对利益得失的判断能力。有了宽容的心态，你就不会轻易被别人激怒；有了对利益得失的判断能力，你就知道在面对别人的挑衅时，应不应该发怒，值不值得发怒。

|情|绪|修|习|术

人不可能十全十美。对于别人的失态，应该多一点宽容。虽然忍一时之气很痛苦，但它给别人留下了台阶，别人会因此感激你。相反，逞一时之快，则可能激怒对方，无形中给自己树立一个敌人。

多看到别人的长处

认识情绪

> 一滴蜜比一加仑胆汁能够捕到更多的苍蝇。如果你想要别人同意你的原则，首先要让他相信你是他的忠实朋友，即自己人。

如何处理自己和别人的关系，是人际交往中的头等大事。

有的人善于发现别人的优点，这些人更招人喜欢，人际关系也更好。相反，有的人喜欢鸡蛋里挑骨头，总是盯着别人的缺点，处处与人为敌，最后落得个孤家寡人的下场。

一个人如果能够看到别人的优点，他就不会被对方的错误行为激怒，而是心平气和地与之交往，最终做出正确的决策和行为。

美国标准石油公司的一名高级主管，因为一个错误的决定，导致公司一下子损失了 200 多万美元。

事后，公司的合伙人爱德华·贝德福德按照约定，与老板洛克菲勒见面。当他走进洛克菲勒的办公室时，发现他正伏在桌子上，用铅笔在一张纸上写着什么。

"哦，是你，贝德福德先生，"洛克菲勒说，"我想你已经知道我们的损失了，我考虑了很多。"

贝德福德看到那张纸的最上面写着一行字：对某先生有利的因素。下面列了一长串该人的优点，其中提到他曾三次帮助公司做出正确的决定，为公司赢得的利润比这次的损失要多得多。

大多数人遇到下属犯错时会火冒三丈，严厉指责其过失，严重的甚至会做出罚款、开除等处理决定。但一个人在情绪失控的情况下，是很难做出客观、理性的判断的，更不可能采取合理的行动。冲动的结果，只能是错上加错。

洛克菲勒显然不是这一类人。他很好地控制了自己，不让下属的错误影响到自己的情绪，从而做出错误的决策。他之所以能这么做，关键是善于发现对方的长处。

这种情绪控制的技巧对贝德福德的影响很大，他曾经感慨："我永远忘不了洛克菲勒面对棘手问题时的冷静。那之后，每当我控制不住自己，想对某人发火时，就强迫自己坐下来，拿出纸和笔，写出某人的好处。每当我完成这个清单时，自己的火气也就消了，就能理智地看待问题了。后来，这种做法逐渐成了我工作中的习惯。记不清多少次了，它制止了我去做愚蠢的事情——发火，那会导致生意场上付出惨重的代价。"

洛克菲勒的技巧也适用于人际关系。如果你总是盯着对方的缺点，不管对方做什么，你都会生气；反过来，如果你总是看到对方的优点，你就会不由自主地为他鼓掌。前者会引爆你的负面情绪，后者会激发你的快乐情绪。

善于发现别人的优点，是待人宽厚、友善的标志。一个人如果只着盯着别人的缺点和不足，就容易和对方发生口角。

美国总统林肯曾经说过："一滴蜜比一加仑胆汁能够捕到更多的苍蝇，人心也是如此。如果你想要别人同意你的原则，首先要让他相信你是他的忠实朋友，即'自己人'。用一滴蜜去赢得他的心，你就能使他走在理智的大道上。"

用自己的双眼，去发现别人的优点，这是善待他人的开始，也是避免自己的情绪被他人影响的关键。因此，在人际交往中，不妨先从对方的优点和长处出发，增进彼此之间的关系。这是宽容的表现，同时也是自我学习的好机会。

|情|绪|修|习|术|

控制自己的情绪，战胜自己的脾气，不是一件简单的事。只要你控制住自己的愤怒，你就朝成功的方向迈出了一大步。

不要活在别人的眼中

认识情绪

> 别人的意见会成为我们行为的镜子，我们总是在别人的目光中调校着自己的人生坐标。一旦我们这样做，就会成为一个没有主见的人。

人生在世，许多事情都要自己面对，没有人能够代替你。所以，无论走什么路、做什么事，甚至是自己的情绪，都要有主见，不要轻易被别人的坏情绪影响。

一群青蛙在高塔下玩耍，其中一只青蛙建议："我们一起爬到塔尖上去玩吧。"众青蛙表示赞同，于是它们一起往塔上爬。

爬着爬着，有青蛙觉得不对，说："我们这是何苦呢？又干渴又劳累，爬它干吗？"大家都觉得这话说得很有道理。于是，都停了下来，只剩最小的一只青蛙还在坚持。

无论其他青蛙如何在下面嘲笑它，就是坚持不懈地往上爬。过了很长时间，它终于爬到了塔尖。这时，众青蛙不再嘲笑它，反而很佩服它。

等这只青蛙下来后，大家都围上去问：到底是什么力量，支撑着你爬上去的？

答案出人意料：这只小青蛙是个聋子！

它当时只看到所有人都开始行动，但当大家讨论放弃的时候它没听见，所以它以为大家都在往上爬，于是自己也不停地往上爬，最终创造了一个奇迹——它爬上去了。

这是一个令人深思的故事。

日常生活中，我们的言行是受约束的，必须遵守各种社会和道德规则，因为我们不想授人以柄，成为别人嘲笑议论的对象。我们甚至不能漠视他人对自己的评价。

然而，故事中的小青蛙却因为耳朵聋，没有被群体的意见左右，最终创造了一个小小的奇迹。假设小青蛙不是聋子，能够听到其他青蛙的议论，它还会忍着干渴和劳累继续往上爬吗？面对其他青蛙的嘲笑，它还能一如既往地坚持自己的目标吗？答案很不乐观。

青蛙如此，人也不例外。很多时候，别人的观点、评价和态度都会对我们的情绪和行为产生极大的影响。比如，赛场上的观众反应，即使不能影响运动员的成绩，至少也会影响运动员的士气和情绪。

别人的意见往往会成为我们行为的镜子，我们总是在别人的目光中调校着自己的人生坐标。可一旦我们这样做，就会成为一个没有主见的人。我们的行为、情绪就会完全被他人控制，受他人影响。

要想做一个有主见的人，就不能太在意别人的看法。一旦认准了目标，就要有“走自己的路，让别人去说吧”的勇气。用个特别流行的词来说，就是淡定。我们要保持平和的心态，不受别人和环境的影响；要为自己的情绪做主，不要失去主见。

需要指出的是，有主见并不意味着特立独行，自己想做什么就做什么，别人说的一概不理会。主见是对任何事都有正确的想法，可能和别人的想法一样，也可能不一样。如果认为只有做和别人不一样的事才叫有主见，那么这样的主见是不成熟的。

|情|绪|修|习|术

做一个有主见的人，不仅表现在对事情的判断上，也表现在对自己情绪的控制上。当你和一个情绪消极的人在一起时，你应该安慰他，尽量向他传递正能量，而不应被他拉入消极情绪的旋涡。

坦然接受无法改变的现实

认识情绪

> 拒绝或无法接受现实，是很多情绪问题的根源。仔细想一想你失望和沮丧的原因，你会发现，其实你是在拒绝接受某些你无法改变的现实。

已经发生的事情，你再怎么哀叹、后悔都没用，不如坦然地接受现实，同时积极寻找办法来弥补损失，这样才能将损失降至最低。

罗森鲍姆进入企业并购领域之前，曾在一家投资公司上班，为彼得·林奇这样的敢在老虎嘴里拔牙的股市投资者服务。

不幸的是，他刚入职就赶上 20 世纪 70 年代末的美国股灾。在大幅下挫的行情中，很多人在一夜之间变成了穷光蛋，每个人心中都窝着一股无名之火。罗森鲍姆在公司感受到一股强烈的暴力气氛，就连他也想对别人怒吼几声，甚至冲出去打一架。

怎样才能摆脱危机？如果公司垮了，自己会失业。罗森鲍姆很焦虑。

就在此时，他看到了总裁理查德先生，顿时惊得张大了嘴巴。因为理查德正拿着一块干净的抹布，津津有味地在擦桌子。他的旁边放着一个水盆，里面装满了清水。看得出，这是精心准备的一次卫生清洁工作。隔着总裁办公室超大的玻璃窗，很多人看到了这一幕。

罗森鲍姆走进办公室问："我不明白，先生，你在干什么？"

理查德看了看他，笑着说："年轻人，我从你的脸上只看到两个字——失控。你想把房顶都掀掉吗？如果发火可以解决问题，我愿意把整个写字楼都炸掉来消除公司面临的危机。可在此之前你要搞明白愤怒和发泄能带来什么，它只会让我们做出不理智的决定，让公司错失扭转乾坤的良机！"

"我还是不懂，因为总该做点什么吧？"罗森鲍姆疑惑道。

"接受现实，然后静观其变，这就是我想让你们做的。"

罗森鲍姆记住了这句话。作为一名优秀的财务专家和管理专家，他认为自己最幸运的就是在年轻的时候学会了控制情绪，这使得他能够在压力下做出正确的决策。

人们在情绪或身体上的问题，大都是因为不接受自己或别人的现实情况，或者抵触某个你迫切想要改变却又有心无力的局面造成的。

拒绝或无法接受现实，是很多情绪问题的根源。仔细想一想你失望和沮丧的原因，你会发现，其实你是在拒绝接受某些你无法改变的现实。

人们为什么不愿意接受现实？因为我们总是错误地认为可以改变它。但实际上，无论我们接受与否，现实就是现实。只有主动认可并接受它，我们的抵触心理才会消失。

接受现实，意味着你放弃纠正别人的想法。无论别人的行为有多么荒谬，你都要尊重他们按照自己意愿生活的自由。如果你意识不到自己对现实的抵触，就无法克服这个坏毛病，你的情绪就很容易被他人所影响。

抵触现实只会造成更多的痛苦、愤恨和家庭矛盾。一旦你接受现实，就会免受精神上的伤害，不会因为别人而生气、愤怒或痛苦，也不会感到自己不如别人或被人伤害。

|情|绪|修|习|术

虽然你无法改变现实，但你可以改变自己的思维模式。也许你不喜欢某个现实，但你必须接受它。只有这样，你才能控制自己的情绪和行为。

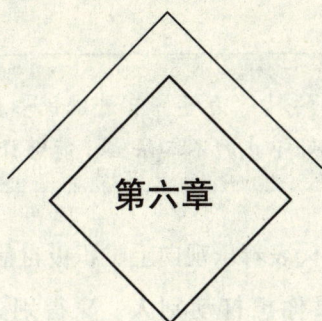

第六章

向别人传递正能量

擅长传递自己好情绪的人往往更有吸引力。

微笑是有力量的

认识情绪

> 微笑是天赋人类的精神力量，有着愉悦心情、延年益寿的功效。微笑还是给别人留下好印象的不二法宝，能够让人产生信任感。

微笑是一种情绪，代表着乐观向上、积极自信的形象，很容易让人产生信任感。因此，如果你想打动别人、赢得别人的友谊，就从微笑开始吧。

日本心理学家做过一个实验：

让两个陌生人通过电话进行交流，然后让他们猜测对方的面部表情和肢体动作。结果发现，如果其中一方在通话时微笑或鞠躬，另一方能够明确地感知到。

这个实验的结果，如今被很多服务业企业运用到自己的管理中。例如，呼叫中心要求员工"让客户听见你的微笑"，并以此为标准，为每个工作台配置一面小镜子，时刻提醒工作人员："你，微笑了吗？"

"听得见的微笑"真的能拉近人与人之间的距离吗？答案是肯定的。

郭老板为了寻觅某个高端岗位的人才，伤透了脑筋。最后，终于招到某名牌大学毕业的李明。后者之所以愿意加盟，得益于郭老板的一个小细节。

在双方的几次电话沟通中，郭老板了解到，李明有好几家公司可以选，而且都比自己的公司大，也比自己的公司有名。

为什么李明最终选择了自己的公司呢？郭老板很好奇。

当李明第一天来公司上班时，郭老板问他："你为什么选择了我们公司？其他公司的条件似乎比我们更优厚。"

李明想了一下说："因为其他公司的经理在电话里冷冰冰的，商业味很重，让我觉得好像只是一次生意上的往来。而你的声音听起来很真诚，语气中带着渴望。我似乎看到电话那一边，你正在微笑着与我交谈。而我听电话时，也是笑着的。"

这就是微笑的力量。如果说行动比语言更有力量，那么微笑就是无声的行动，它表示："我对你很满意，你让我快乐，我很高兴见到你。"

据说，美国酒店之王康拉德·希尔顿还在默默无闻时，他的母亲就告诉他，必须找到一种简单容易、不花本钱但行之有效的办法去吸引顾客。希尔顿最后找到了这种办法，那就是微笑。依靠"今天你微笑了吗"的座右铭，他成为世界上最富有的人之一。

一个不懂得微笑的人，很难向别人传递正能量。

大卫·史汀生是美国一家小有名气的公司总裁，人很年轻，却几乎具备了成功男人的大多优点。

他有明确的人生目标，有不断克服困难、超越自己和别人的恒心和毅力；他办事雷厉风行，干脆利索，从不拖沓；他的嗓音深沉圆润，讲话切中要害；他朝气蓬勃，拥有远大的抱负，而且对工作和生活非常投入；他对同事很真诚，朋友们都对他引以为豪。

但就是这样一个人，给人的初次印象却非常负面。究其原因，是他的脸上永远没有笑容。他的嘴唇总是紧闭，牙关紧紧咬合在一起，即便在轻松的社交场合也是如此。结果，虽然他在舞池中的优美舞姿令所有女士心动，但很少有人和他跳舞。

|情|绪|修|习|术

微笑是一种接纳，它缩短了人与人之间的距离。一个面带微笑的人，更容易走进对方的心底。因此，有人说，微笑是成功者的先锋。

乐观是打动对方的催化剂

认识情绪

> 乐观的人更容易用自己积极的情绪感染别人，他们的言语和行为更容易得到认同，因此，成功的概率也会相应增加。

研究表明，正常人在焦虑、沮丧、悲观的情况下，很难从外界接受信息，也不能妥善地处理问题。因此，要想打动对方，就必须调动对方的乐观情绪。

一个面对重重打击仍能保持乐观的人，总是能引起人们的钦佩，并激发他们的信心。

2008 年奥巴马竞选总统时，《波士顿邮报》引述专业人士的分析指出，奥巴马有望在初选中胜出。究其原因，是奥巴马拥有积极乐观的心态。

在选战中，奥巴马将自己描绘成能给美国人带来希望的总统候选人。在他积极乐观的情绪感召下，选民们开始憧憬自己的美好前景，并纷纷将选票投给了他。

虽然悲观情绪也具有传染性，但乐观情绪的感染力更强，乐观的人也更容易获得他人的认同。

美国心理学家马丁·塞利格曼对 1948—1984 年美国总统大选进行分析后发现：乐观的候选人经常在大选中获胜，而悲观的候选人落选的概率则高达98%。

同样的道理，在日常生活中，乐观的人更容易用自己积极的情绪感染别人，他们的言语和行为更容易得到认同，因此，成功的概率也会相应增加。

为什么乐观情绪更容易影响别人？这是因为，人们在忧虑、悲观、焦虑、抑郁、沮丧的情况下，通常不能很好地接受外界信息，以致不能妥善地处理问题。

而当我们用乐观的形式调动起对方的乐观情绪后，对方负责处理情绪的大脑区域就会更加活跃，从而能够更好地接受信息，做出判断。

拿破仑在一次与敌军作战时，遭到了顽强的抵抗，人员伤亡惨重，士兵情绪低落。拿破仑更是不小心掉进泥潭中，浑身沾满了泥巴，狼狈不堪。

但拿破仑浑然不顾，他心中只有一个信念，那就是无论如何要打赢这场战争。只听他大吼一声："冲啊！"手下的士兵看到他这副滑稽的样子，忍不住哈哈大笑起来。

笑过之后，士兵们低落的情绪也被拿破仑乐观自信的情绪感染，一个个斗志昂扬、奋勇当先，最终取得了战斗的胜利。

卡耐基也曾巧妙地运用乐观来打动对方。一次，他去探望一位好朋友，这位朋友当时遭受了挫折，对生活失去了信心。于是，卡耐基引用某位诗人的诗来劝慰他：

我因为没有鞋子穿，心里感到十分难过。

当我走到街上时，竟然看到一个没有脚的人。

这位朋友深受启发，重新面对自己的生活，并培养出积极乐观的人生态度。

一位著名的政治家曾经说过："要想征服世界，首先要征服自己的悲观。"

悲观是一个幽灵，如魍魉般不时地偷袭我们一下。要征服它，就必须克服自己的悲观情绪，用乐观、积极的情绪支配自己的生活，这样你就会发现生活的美好。

|情|绪|修|习|术

乐观是天使，是打动他人的催化剂。无论在生活还是工作中，乐观情绪总会带来意想不到的结果，而悲观情绪只会让一切变得灰暗。

利他的自信才有力量

认识情绪

> 每个人都渴望得到别人的认可和赞美。真诚的赞美与肯定是最动听的语言，是打开心扉的钥匙。

自信是成功的助推器，但仅仅有自信还不够，你还必须把信心传递给他人，用自信感染他人。只有让别人感受到你的自信，受到你的感染和鼓舞，你才能获得成功。

陈涛就读于一所名牌大学，毕业后很幸运地进入一家知名公司工作。

刚开始，他只是办公室文员，每天为老员工跑跑腿、倒倒茶。但是，他并没有因此感到沮丧，相反，他认为这是一种磨砺，是人生的必经阶段。他相信，自己满腹的才华总有一天会得到重用，成就一番事业。

由于总是充满自信，心态又乐观，时间一长，陈涛赢得了同事们的好感。而领导也安排他负责公司的重要客户，同时还给他许多外出学习的机会。

陈涛也不负众望，凭借出色的工作能力，为公司争取到很多新客户。

或许是陈涛的表现太抢眼，同事们感受到了他的压力，纷纷开始疏远他。这让陈涛陷入了迷茫和抑郁中。

经过一段时间的纠结和挣扎，他终于想明白，真正的自信不仅要激励自己前进，也要激发他人的自信和潜力。

于是，他开始像原来一样向老员工请教问题，向他们学习经验，同时展现出自己的不足，还不时地赞美老员工的能力，尊重他们的意见。

在他的感染下，老员工们又接受了他。在大家的互相鼓励下，所有人的业绩都得到了提升，自信心也越来越足。大家对陈涛的升职再也没什么不满，而是感到由衷的高兴。

这个案例告诉我们，自信固然好，但如果不能把自信的能量传递给别人，那么在他人看来，你就不是自信，而是自傲。

很多初入职场的年轻人都会犯这样的错误。他们面对挑战自信满满，永不言弃，以为这是自信的表现。殊不知，在别人看来，他们的自信同时包含着自傲。

真正自信的人，应该让所有人都感受到他的积极向上，并带动所有人的工作热情。像故事中的陈涛一样，当他认识到这一点后，通过向同事展示自己的缺点来重新获得他们的信任，并一点点激发他们的自信。这是传递正能量的一种技巧。

传递正能量有很多种方式，包括尊重、赞美和鼓励等，它们可以让人更加自信，更敢于表达自己的观点。所以，在人际交往中，我们要学会尊重、赞美和鼓励他人。

卡耐基曾经说过："每个人都渴望得到别人的认可和赞美。真诚的赞美与肯定是最动听的语言，是打开心扉的钥匙。"掌握了这把钥匙，你就能成为人生的赢家。

|情|绪|修|习|术

在人际交往中，向别人传递积极情绪的人是最受欢迎的。所以，我们不妨展露自信的笑容，将赞美和尊重赠给他人。

不懂穿衣你就输了

认识情绪

> 人际沟通的影响力主要来自语言、语调和形象三个方面，它们的重要性占比分别是：语言7%，语调38%，视觉（即形象）55%。由此可见，形象很重要。在当今激烈竞争的社会中，个人形象在很大程度上决定了你的人际关系。

在人际交往中，干净得体的仪表更容易获得对方的好感和青睐。因为它会在不经意间让你散发出强大的磁场，让别人更愿意与你接近。

所以，我们要根据拜访对象、目的和环境，选择合适的衣着。这样才能恰如其分地表达自己的气质和观点，给别人留下良好的第一印象，为成功打下基础。

有个年轻人陪领导去拜访一位企业家。

这位领导是一个做事严谨甚至有点死板的人，平日穿西装打领带为主。快到企业的时候，领导突然问年轻人："那位企业家在衣着上有什么讲究?"年轻人告诉领导，该企业家一年四季都穿比较规范的长袖衬衣，基本上不打领带，也很少穿西服。

听完年轻人的介绍，领导立刻脱了西服，解下领带，再解开一个衬衣扣子。

案例中，领导的举动说明一个重要的问题——衣着在人际交往中扮演着重要角色。

举个例子，如果你去地里考察，希望和农民打成一片，和他们建立亲切感，那你的衣着就不能光鲜亮丽，朴实最好。否则，你的华丽和他们的朴素会形成心理上的反差，这就难以形成一个平等的交流氛围，甚至还可能引起他们的排斥。

再比如，你要去拜访一个穿着打扮都很休闲的年轻客户，就不能西装革履。否则，会引起对方的排斥心理。孙老板就犯了这样的错误。

他去一家公司谈合作，该公司的业务负责人是个年轻人，穿着非常随意。孙老板没有注意，还跟往常一样，西装革履地赴约。两人一见面，对方立刻感到一种不自在。结果，洽谈结果很不理想，之前谈好的条件也被对方否定了。

孙老板因为不注意穿着，吃了一个不大不小的亏。

反之，如果你要拜访的人西装革履，而你一身休闲装，同样会引起对方的排斥。因为对方会觉得你不尊重他们，甚至会觉得你没有诚意，没有实力。

美国的一项调查表明，80%的客户对销售人员的不良仪表持反感态度。

心理学家关于外表影响力的实验也证明了这一点：两位男士，一位穿着笔挺的西装，另一位穿着沾满油污的工人服，两人都在红灯亮起但无过往车辆时穿过马路，结果跟随前者的人远远多于后者。

由此可见，得体的衣着能够传递正能量。

英国前首相卡梅伦的夫人在陪同丈夫一起竞选拉票时，偏爱高低档混搭风格的服装，就是一种对政治正确性的演练，也反映出英国新的经济要务，以及她丈夫所在政党摆脱精英形象的努力。但选民觉得她的衣着很协调，没有违和感。

俗话说，人靠衣装马靠鞍。心理学研究表明，人与人之间的沟通所产生的影响力和信任度来自语言、语调和形象三个方面，它们的重要性占比分别是：语言7%，语调38%，视觉（即形象）55%。由此可见，形象的重要性。

服装作为形象塑造中的第一外表，理所当然成为众人关注的焦点。你的形象就是你的未来。在当今激烈竞争的社会中，个人形象远比人们想象的重要。

|情|绪|修|习|术|

如果你想向周围的人传递正能量，那么你的穿着打扮就不是由你决定的，而是由周围的人决定的。

走姿可以改变心情

认识情绪

> 某些走姿跟情绪有关。例如，一个人高兴时，步伐会显得很轻快；反之，心情不好时，双肩会下垂，脚像灌了铅似的寸步难移。

走路的姿势是一种情绪表达。好的走姿可以传递正能量，获得别人的好感；不好的走姿则会破坏他人对你的好感。

小丽是某化妆品公司的女销售，准备去拜访一位客户。资料上显示客户已经40岁，但看照片好像只有二十多岁。小丽知道，要想说服这样的客户并不容易，除非以自己为样本，让客户感受到化妆品的效果，否则对方是不会轻易购买的。

于是，小丽给自己化了淡妆，然后穿上新买的高跟鞋。因为是新鞋，她害怕弄脏，只好前脚掌着地，膝盖弯曲，臀部向后翘，就像上台阶似的走路。由于需要保持平衡，背部自然弓了起来。

客户本来很高兴，对小丽也很热情。但看到她的走姿后，立即皱起了眉头：卖化妆品的销售员没有一点儿气质，她的产品估计也好不到哪儿去。结果，小丽横说竖说，费了半天劲儿给客户展示产品的效果，对方还是拒绝了。

在这个案例中，小丽失败的原因是她难看的走姿给客户留下了不好的印象，从而引起对方的排斥心理。

法国心理学家简·布鲁西博士研究发现，人的情绪与行动有密切关系。从一个人走路的姿势、微笑的样子，到说话的方式、语调的高低，甚至一个不经意的小动作，都可以推断出其当时的心理状态。换句话说，即便是走路，也能反映出一个人的情绪。

人的走姿千变万化，每个人的走姿各不相同，两个相互熟悉的人，即使相隔较远也能够从走姿上认出对方。但某些走姿，则跟情绪有关。例如，一个人高兴时，步伐会显得很轻快；反之，心情不好时，双肩会下垂，脚像灌了铅似的寸步难移。

这种走姿上的差异，会导致你气场的变化，最终增强或削弱你的吸引力。

那么，如何通过良好的走姿，向别人传递出正能量呢？以下三个步骤值得你学习。

（1）上体准备

首先，下巴突出，自然抬头，这样能显示出旺盛的精力。其次，双肩向后张开，双手大幅度摆动，这样走起路来能吸收更多的空气。注意，肩部后张要自然，不要太勉强，调整全身姿势，维持身体平衡。最后，腰和胸的位置稍微靠前，这样有助于迈开步伐。

（2）起步准备

行走时，上体稍前倾，后腿蹬，膝盖伸直，同时在前脚向前迈出的过程中，腰与腿要紧密配合，大腿带动小腿，上体保持自然端正，这样走起路来才不费劲。

另外，脚跟先着地，将身体重心转移到脚尖，前脚着地瞬间，后脚尖同时蹬出，这样身体重心才能顺利转移。注意，支撑身体重量的不是脚跟，而是后脚大脚趾附近区域。

（3）辅助动作

行走时双肩平稳，目光平视，下颌微收，面部温和。手臂伸直放松，手指自然弯曲，摆动时，以肩关节为轴，上臂带动前臂，双臂前后自然摆动，幅度以 30—40 度为宜，肘关节略弯曲，前臂不要向上甩动。前脚脚尖略抬，脚跟先接触地面，依靠后脚将身体重心推送到前脚掌，使身体前移。步幅适当，前脚脚跟与后脚脚尖相距为一脚至一脚半长。

情|绪|修|习|术

良好的走姿可以展现出一个人朝气蓬勃、积极向上的精神状态，正如古人所说的"行如风"，才会给人留下美好的印象。

做人最高的境界是不卑不亢

认识情绪

> 人际交往的最高境界不是一味低调，更不是一味张扬，而是始终不卑不亢。只有不卑不亢的心态，才能让对方感受到你强大的气场，从而对你产生敬重。

人际交往的最高境界不是一味低调，更不是一味张扬，而是始终不卑不亢。尤其在面对压力时，很多人可能卑躬屈膝，这只会让人看不起。只有不卑不亢的心态，才能让对方感受到你强大的气场，从而对你产生敬重。

褚裒（chǔ póu）是东晋时期名士、征北大将军，以宽容待人著称。

一天晚上，褚裒投宿于钱塘县的驿亭中，正好钱塘县令沈充也来到驿亭。亭吏不知道褚裒的身份，为了接待县令，就把褚裒赶了出来。褚裒觉得犯不着跟亭吏过不去，就悄悄卷起行李到江边的牛屋住下。

第二天，钱塘潮水涨起，沈充观潮来到此处，看到牛屋里面竟然住着人，很惊奇，忙问亭吏是谁。亭吏不敢隐瞒，回答说："昨天有一个北方人来投宿，因为老爷驾到，所以把他暂时安置在那儿住。"

沈充当时微微有些醉意，就开玩笑道："嗯，北方佬，过来吧！快快报上你的姓名，我可以给你一些饼子吃！"

当时，文官蔑视武将，一般会生出风波来，甚至闹到皇帝那里。褚裒受到嘲弄，当然也很生气，但他并没有发怒，而是彬彬有礼地回答："我是河南的褚裒。"

沈充一下愣住了，他当然知道褚裒的大名。他战战兢兢立在一旁，只盼望褚将军责备那个亭吏和自己一顿。

没想到，褚裒不但没有提被驱赶的事，还制止了沈充要鞭挞亭吏的举动。沈充只好吩咐下属杀鸡牢羊，备下丰盛的酒宴款待褚裒。褚裒也丝毫没有架子，爽快地答应了，和沈充把酒言欢。

事后，大家对褚裒不卑不亢的风度赞不绝口。

与人交往，你的一举一动都会反映出你的修养和价值观，它会让你变得更有吸引力，也会让你在别人面前失分。其中的关键，在于你能否不卑不亢地与人交往。

不卑不亢是一个人内心强大的表现，也是赢得对方尊重的关键。

春秋末年，齐国宰相晏婴奉命出使楚国，楚王对他百般刁难，先是让他从小门进城，然后说他是矮子，用最差的饭菜招待他，最后又用两个齐国囚犯来羞辱他。

面对羞辱，晏婴不卑不亢，据理力争，不但让楚王自取其辱，还赢得了齐王的尊重。

生活中，有些人之所以没有吸引力，不能打动对方，一个重要的原因是他们心理素质不过硬，缺乏自信。有的人一见到强大的对手就胆怯、自卑，遇到地位比自己低的人又骄傲自负，这都是错误的情绪表达。

要想获得别人的尊重，就要跳出这些心理陷阱，正确看待自己，做到不卑不亢。

所谓不卑，就是不卑躬屈膝、摆出一副讨好巴结的样子。卑躬屈膝不但有损人格，还会让人看不起。所谓不亢，就是不自傲，不以老大自居、盛气凌人，自认为比别人高一等。

与人打交道，不论对方地位高低、资历深浅、条件优劣、学识深浅，都要奉行不卑不亢、热情谦让的准则。因为只有不卑不亢，才能赢得他人的尊重。

|情|绪|修|习|术|

不卑不亢源于一种自信，只有相信自己，别人才会相信你。只有充满信心，才能不卑不亢。所以，要做到不卑不亢，关键是摆正自己的心态。

HOW TO

CONTROL YOUR
EMOTIONS

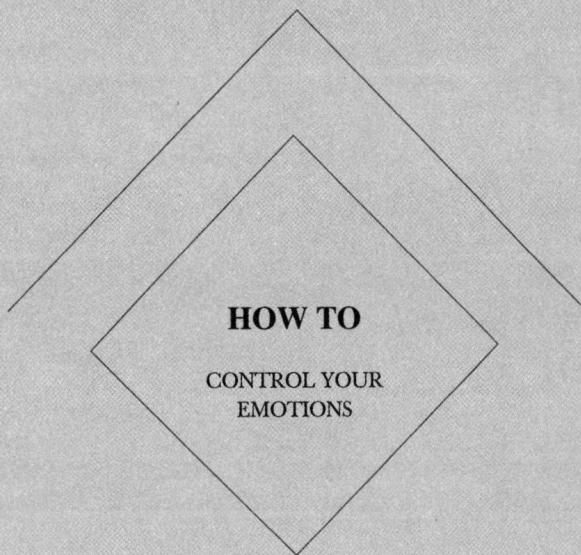

下 篇
情绪控制术

第七章

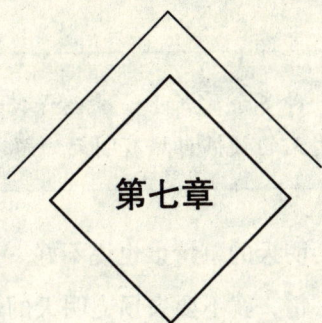

减少焦虑情绪

　　强迫自己专心致志地做一件事情，是缓解焦
虑情绪最好、最有效的方法。

你担心的事情，90%都不会发生

认识情绪

> 为明天担心，是一种多余的折磨。要想保持好心情，就不要去预支明天的烦恼，因为明天的烦恼自然有明天的解决办法。

生命是不可预知的，明天的事情谁也说不好。为明天担心，是一种多余的折磨。要想保持好心情，就不要去预支明天的烦恼，因为明天的烦恼自然有明天的解决办法。

事情还没有发生就忧心忡忡，不但无济于事，反而会让事情越来越复杂。与其这样，不如放下包袱，暂时不去想，不去担心。这样在做事情的过程中，也许会有意外的发现，事情或许并不像自己想的那么复杂、那么悲观。

有个小和尚，每天早上负责清扫寺院里的落叶。清晨起床扫落叶是一件苦差事，尤其秋冬之际，每一次起风，树叶总会随风飞舞落下。

因为树叶不停地落下，小和尚每天早上都要花很长时间来清扫，这让他头痛不已。他一直想找个好办法让自己轻松一些。

后来，有个和尚跟他说："你明天打扫之前先用力摇树，把落叶统统摇下来，后天就可以不用辛苦扫落叶了。"

小和尚觉得这是个好办法，于是隔天他起了个大早，使劲地摇树，这样他就可以把今天和明天的落叶一次扫干净了。一整天，小和尚都非常开心。

第二天，小和尚到院子里一看，不禁傻眼了，院子里和往日一样落叶满地。

老和尚走过来，意味深长地对小和尚说："傻孩子，无论你今天怎么用力，明天的落叶还是会飘下来啊！"

小和尚终于明白，世上有很多事是无法提前的，唯有认真地活在当下，才是最真实的人生态度。

生活中，有多少人像小和尚一样，为明天的事情担忧，精心计划着明天的事情，却从未想过好好享受今天。

为还未发生的事情过度操心，是人类的通病。即便明天已经成为昨天，我们的心中仍然只有明天。我们不断预支着明天的烦恼，也就不断透支着生命。很少有人停下来想一想：这样操心未来，究竟是为了什么？

也许有人会说，我们是为了更好的生活，只有提前把明天的烦恼解决掉，将来才能过得更好、更自在。可是，生活的真谛是什么？

有一个流传甚广的故事。

一天，佛祖问一个修行很久的蜘蛛：什么最珍贵？

蜘蛛回答：得不到和已失去。

佛祖让蜘蛛到人间走了一遭。在历尽沧桑后，蜘蛛终于明白，世间最珍贵的不是得不到和已失去，而是眼下的幸福！

得不到和已失去，这是让很多人纠结的问题，他们为过去和未来的事烦恼。殊不知，预支烦恼就像给自己戴上一个枷锁，会让你感到身心疲惫。这样的疲惫没有一点价值。

预支明天的烦恼，只能使今天不快乐。真正的烦恼就在那里，你烦或者不烦，它都在那里。而想象的烦恼，本不在那里，你烦，它就真的在那里。

美国心理学家做过一个有趣的实验，他们要求被试者将未来七天所有可能的忧虑和烦恼写下来，然后投入一个指定的箱子。三周后，人们打开箱子，逐一核对自己的烦恼。

结果发现，90%的烦恼并未发生。又过了三周，人们再次检查箱子，发现绝大多数烦恼都已经不复存在。

如果你还在为将来担忧，不妨来看这样一组数据：

人们担心的事情，有40%属于过去，50%属于未来，只有10%属于现在。其中，有92%的烦恼并不会真的发生，剩下的8%，大多可以轻松化解。

|情|绪|控|制|术|

大多数的烦恼都是人们想象出来的。人们通过想象不断将它们放大、强化，最终成为一种心理负担，并导致对未来的焦虑。

人生最重要的是当下

认识情绪

过去不可挽回，未来不可预测。从这个意义上讲，过去和未来都是虚无的，既然是虚无的，又怎么能抓得住？所以，人生最重要的是珍惜现在。

因为担心未来，人们忘记了现在。因此，他们既不是活在现在，也不是活在未来。

过去不可挽回，未来不可预测。从这个意义上讲，过去和未来都是虚无的，既然是虚无的，又怎么能抓得住呢？所以，人生最重要的是珍惜现在。

在丹麦，流传着一个故事。

有一个铁匠，每天都有担心不完的事情——"如果我病倒了不能工作怎么办？""假如我没有钱，生活会是什么样子？"这些担心像一座无形的大山，压得他喘不过气来。

一天，铁匠上街买东西，因焦虑过度而昏倒。有个人了解到铁匠的焦虑后，送了铁匠一条金项链，并告诉他："不到万不得已的时候，千万别卖掉它。"

从此以后，铁匠不再焦虑，因为他觉得，即便有一天他变得一无所有，还有这条金项链当本钱。有了这样的想法后，他白天踏实工作，晚上回家睡得很踏实，整天无忧无虑，身体渐渐恢复了健康。

后来，一次偶然的机会，他带着金项链去首饰店询问它的价格，老板告诉他这条项链是铜的，并不值钱。铁匠恍然大悟，明白了自己当初为什么焦虑。

生活中，我们很多人和铁匠一样，整天担心尚未发生的事情，并因此变得很焦虑。事实上，这些事情正如我们上面提到的，大多数最后都不会发生。

那么，怎样减少这样的焦虑呢？答案是专注于当下。

大多数的焦虑，都来自记忆或对未来的想象，而当你专注于当下时，你就没有时间去想象过去或者未来。

问题是，当下是我们最容易忽略的思维死角。我们总是习惯性地忘不掉过去，很多人宁愿活在过去也不肯面对现实。

要专注于当下，就必须转变思维。过去的已经过去，未来的尚未发生。即便发生最坏的情况，也不过是以当下我们担忧、不期望的方式发生。既然如此，又何苦纠结呢？

专注于当下，能够让我们心态平和。当我们专注于现在，做好手头的工作，科学合理地运用时间、享受生活时，会觉得时间突然慢了下来。我们不再像以前那样行色匆匆，而是会放慢脚步，欣赏周围的花草，呼吸一下新鲜的空气。

如此，才能发现生活的美好。

专注不但是做事成功的关键，也是心理健康的前提。当你把注意力全部集中到某件事情上，你就会和这件事情融为一体，不被其他外物打扰，焦虑也就无机可乘。

做事不专注的人，很难从一件事情上获得幸福感。从这个意义上来讲，专注是幸福人生的一个特质。

此外，专注还有助于身体健康。

心理学研究发现，专注有助于人们缓解压力，减少慢性疼痛，降低血压，还可以帮助病人应对癌症。每天花几分钟时间专注于当下的生命体验，可以缓解压力，进而减少心脏病的风险。专注甚至可以减缓 HIV 病毒对机体的侵害进程。

最重要的是，专注的人因为自信，能够坦然地接受自己的缺点，很少焦虑。所以，他们更幸福、更有同理心，同时也更有安全感。

|情|绪|控|制|术|

专注于当下，就是全身心关注当下的事物，不怀念过去，也不寄希望于未来，而是全心全意体验当下的生活。当下是永恒，生命的意义就在其中。

守住一颗平常心

认识情绪

> 人生不可能一帆风顺，总会有起有落。如果我们把这些起落看得太重，就永远享受不到快乐。因此，拥有一颗平常心，是人生不可或缺的润滑剂。

跟古代人相比，现代人的物质财富得到了极大的提高。但从精神层面上来讲，很多人却感到越来越贫穷。

于是，我们有了更大的期待。我们期待的远远超出人们的想象，而我们付出的代价则是永远挥之不去的焦虑——我们永远不能安于现状，永远都有尚未实现的梦想。

2005 年 8 月 15 日凌晨，北京大学信息科学技术学院的一位硕士研究生离校出走。出走前，他在电话里向母亲哭诉："妈妈，我没有能力！我没有能力！……"

据媒体报道，该研究生从小学习成绩优异，考上北大后发誓要出人头地。然而，周围的同学都有女朋友，他还没有；好多同学都考了驾照，他考了但没通过；申请出国留学，也受挫了；马上面临毕业，还不知道能不能找到好工作，又没钱买房子。

一连串的压力，让他喘不过气来，最终因为不堪现实和未来的重负，他选择了逃避。

这是典型的成功焦虑症。究其原因，是社会上对所谓成功的片面认知和过度强化，是一种典型的精英崇拜。

事实上，18 世纪之前，西方国家并不存在精英崇拜。反之，他们尊重普通人。他们认为，穷人之所以穷并非他们之过，穷人对社会贡献最多。而且，他们坚定地认为，身份低下并不表明道德低下。相反，富人腐朽堕落，恶贯满盈，他们的财富来自掠夺穷人。

然而，从 18 世纪中叶开始，新的观点逐渐代替了旧的观点。

1723 年，伦敦内科医生伯纳德·曼德维尔出版了一本名为《蜜蜂的寓言》的小册子。正是这本小册子改变了社会对穷人和富人的看法。

曼德维尔认为，富人才是对社会有用的阶层，是富人的挥霍为地位低下的人们创造了就业机会，使弱势群体得以生存。没有富人，穷人要不了多久就会活不下去。

这一观点提出后，很快被一些伟大的经济学家和政治家接受，包括《国富论》的作者亚当·斯密也对这一观点大为推崇。

很快，将身份、地位和德行挂钩，认为身份、地位越高德行越好的观点也被抛了出来。最后，人们开始认可一种观点，即穷人是有罪的、堕落的，他们穷是因为他们蠢。

社会达尔文主义者就认为：从道义上看，富人似乎形象不佳，但从进化的角度看，富人远远胜过穷人，情形甚至令人生畏。富人强劲有力，他们的基因比穷人强大，他们的思维远比常人敏捷。从生物学的角度看，富人是人类丛林中的老虎。

贫穷本来已经很痛苦，而在如今崇拜精英的社会里，它还是一种羞辱。所以，许多人患上成功焦虑症，并不奇怪。

作家刘心武在其作品中提到过这样一个故事：

"一位熟人跟我说，他曾一度为自己的住宅里只有一个卫生间，而昔日有的同窗家里却享有两个甚至两个以上的卫生间而陷入自惭形秽的焦虑；但一次他却在仍住在胡同杂院、如厕还需出院的一位同窗家里，感受到了其家人间无法用数字量化的那种温馨亲情，之后他就醍醐灌顶般清醒过来，再不让几个卫生间之类的量化焦虑破坏自己的心情。"

显然，要避免这种成功焦虑症，就必须守住一颗平常心。

我们要认识到，追求事业成功虽然是人生的重要目标，但它并不是生活的全部，在我们的时间表上，还应该有亲情、友情和爱情。

|情|绪|控|制|术

人生本来就是苦，每个人都要面对生老病死、爱恨情仇。面对苦难，纠结痛苦无济于事。真正聪明的人，总是用一颗平常心来面对生活中的一切遭遇。

生命仅仅需要一颗心

认识情绪

> 拿得起、放得下，是一种人生大智慧。把名利和地位看淡一些，那不过是身外之物，顺其自然，就不会将生命浪费在追逐名利上。

生活中，我们在乎和想拥有的东西总是太多。然而，拥有的东西越多，我们就越是害怕失去。于是，我们开始担心、挂念和焦虑。

人之所以痛苦，就在于追求错误的东西。只有勇敢放弃那些对生命并不重要的东西，我们才能无牵无挂、轻松前进。

1936 年，好莱坞著名影星利奥·罗斯顿到英国演出，由于过度肥胖诱发心肌梗死，被送进英国汤普森急救中心，终因回天无术，不幸告别人世。去世前，他留下一句话："你的身躯很庞大，但你的生命需要的仅仅是一颗心脏。"

汤普森急救中心有感于这句话，将它镌刻在医院大厅里。后来，这句话成为一句众人皆知的名言。

无独有偶，47 年后，美国石油大亨默尔在英国期间，也因心脏病突发住进这家中心。

幸运的是，医生最终将他从死神手里夺了回来。出院后，他不再经营石油，而是将公司卖掉，除留下一定的养老金外，其余全捐给慈善机构和卫生事业，然后到乡间过上闲云野鹤般的休闲生活。

有人问他，为何要这样做？他回答说："是利奥·罗斯顿的那句话启发了我。巨富和肥胖一样，已经超过自己所需，只要拥有一颗健康完整的心脏就足够了。"

歌德说："生命的全部奥秘就在于为了生存而放弃生存。"所以，人生就是选择，而放弃正是一门选择的艺术，是人生的必修课。没有果敢的放弃，就没有明智的选择，更不会有辉煌的成果。与其苦苦挣扎，搞得筋疲力尽，不如潇洒地挥手，勇敢地选择放弃。

然而，现实生活中，许多人却因为舍不得放下手中的地位、金钱，整天东奔西跑，整天紧张焦虑。

因为放不下钱财，有人绞尽脑汁、夜不能寐，最终竹篮打水一场空；因为放不下权力，有人无所不用其极，挖空心思设计，最终无可奈何花落去。

贪欲一旦占据人们的心灵，原来的好心情就会消失，随之而来的是欲望无法满足的闷闷不乐、情绪低落，甚至焦虑急躁。

要想快乐，就要放下贪念，从烦恼的死胡同中走出来；就要放下追逐名利的想法，狠下心将其抛弃，因为名利只会给自己带来困扰。

拿得起、放得下，实在是一种人生大智慧。把名利和地位看得淡一些，那不过是身外之物，顺其自然，就不会将生命浪费在追逐名利上，就不会为了升职加薪而焦虑不安。

生命如舟，不可能承载太多的身外之物，否则就会在航行中搁浅，甚至沉没。只有放弃对生命不重要或者不属于自己的东西，才能专注于自己真正热爱的东西。

|情|绪|控|制|术

放弃是一种灵性的觉醒，是一种智慧的体现，就如同放鸟归林、放鱼入水。如果不得不放弃，那就果断地放弃。人生有舍才有得，放得下才能走得远。什么也不愿放弃的人，反而会失去自己最珍贵的东西。

改变世界，从改变自己开始

认识情绪

> 很多时候，人类的欲望与自己的真实需求毫无关系。过多地关注他人对我们的看法，会将我们短暂人生中最美好的时光破坏殆尽。

据说，在英国威斯敏斯特教堂的一位英国主教的墓碑上，写着这样一些话：

很多时候，人类的欲望与自己的真实需求毫无关系。过多地关注他人对我们的看法，会将我们短暂人生中最美好的时光破坏殆尽。

当我年轻的时候，我梦想改变这个世界。

当我成熟以后，我发现我不能够改变这个世界，我将目光缩短了些，决定只改变我的国家。

当我进入暮年以后，我发现我不能够改变我的国家，我的最后愿望仅仅是改变一下我的家庭。但是，这也不可能。

当我现在躺在床上，行将就木时，我突然意识到：如果一开始我仅仅去改变我自己，然后我可能改变我的家庭；在家人的帮助和鼓励下，我可能为国家做一些事情；然后，谁知道呢？我甚至可能改变这个世界。

后来证实，这只是一个谣言，并没有这样一块墓碑。但这段话却是很多人一生的真实写照。有多少人，在年少时对未来充满了雄心壮志，希望功成名就，获得世人的瞩目，到年老时却发现自己一事无成！

人为什么总是希望做一些伟大的事情而不愿过简简单单的生活？人们整天辛苦劳作、来回奔波到底是为了什么？人们为什么追求财富、权力和名声？难道只是为了满足自然的需求？如果是这样，底层的劳动者也能实现。

当我们回答这些问题时，会发现大多数焦虑的根源。事实上，被人注意、关怀，得到他人的同情、赞美和支持，这是我们想从以上行为中得到的东西。

他人对我们的关注之所以重要，是因为人类对自身价值的判断有一种与生俱来的不确定性——我们对自己的认识在很大程度上取决于他人对我们的看法。

我们的自我感觉和自我认同完全受制于周围人对我们的评价。如果我们所讲的笑话能让他们开怀，我们就会对自己的逗笑能力充满自信；如果我们得到他人的赞扬，我们就会对自己的优点特别留意。

反之，如果我们进入一间屋子，别人都不屑于瞅我们一眼，或者当我们告诉对方自己的职业时，他们马上表现出不耐烦，我们很可能会对自己产生怀疑，觉得自己一无是处。

这就是我们经常感到焦虑的原因。因为他人的关注决定了我们可能赢得多少世人的关爱，而世人对我们的关爱又是我们认识自己的关键。

那些富有的人，尽管财富已经够几代人挥霍，依旧孜孜不倦追求财富。如果我们从理性的财务视角来分析，也许会对他们的狂热感到不可理喻。但是，如果我们看到，他们在积累财富的同时，其实是在赢得他人的尊重，就不足为奇了。

人类焦虑的根源，实质上是为了获得关爱。明白了这一点，我们就能够理解为什么有的人长期过着艰苦的生活，却毫无焦虑感。

例如士兵和探险家，他们过着极其艰苦的生活，其物质条件之匮乏，堪称这个社会上最窘困的群体之一。然而，他们能熬过一切的苦难。

为什么他们能够做到这一点？因为他们清楚，自己的角色受到他人的尊重。

|情|绪|控|制|术

人类焦虑的根源，实质上是为了获得关爱。明白了这一点，我们就能够理解为什么有的人已经很富有，还在孜孜不倦追求财富；而有的人长期过着艰苦朴素的生活，却毫无焦虑感。因为他们的行为和角色，赢得了人们的尊重。

适当焦虑让你表现更出众

认识情绪

焦虑就像一根橡皮筋，拉得太紧，它会断掉；拉得不够紧，它的张力又得不到最大限度的发挥。所以，在太紧和太松之间找到平衡点，才是面对焦虑的正确态度。

焦虑是一种常见的情绪。

　　对于不善言辞的人来讲，一场演讲可能会带来严重的焦虑感。在演讲前一天，脑子里可能装满各种疑问：我还没准备好怎么办？如果演讲时紧张、语无伦次怎么办？如果大家对演讲不感兴趣，中途很多人退场，怎么办？

　　一般来讲，人们习惯将焦虑归为负面情绪，避之唯恐不及。但其实，这是对焦虑的一种误解。过度的焦虑固然会带来恐惧、混乱和士气低落，但毫无焦虑感同样不是什么好事，它会让人没有危机感，最终停滞不前。

　　焦虑就像一根橡皮筋，拉得太紧，它会断掉；拉得不够紧，它的张力又得不到最大限度的发挥。所以，在太紧和太松之间找到平衡点，才是面对焦虑的正确态度。

　　没有焦虑的生活和没有恐惧的生活一样，并不是我们真正需要的。从某种意义上讲，适度的焦虑是有用的和可取的，甚至是必要的。

　　适度的焦虑有助于我们把压力变成动力。当你面对无法摆脱的忧虑时，可以反复暗示自己：这是对我的考验。心态改变了，压力就会转化成动力，焦虑也会随之消失。

　　心理学研究发现，焦虑只要适度，没有超过平衡点，人们就能在焦虑的刺激下获得成功，而不会因为压力过大而表现失常。这是因为，适度的焦虑能够让人们保持紧张，催促他们同时处理多项事务，并对可能出现的问题随时保持高度的警惕。

　　美国心理专家斯蒂芬·约瑟夫森曾表示："体育教练和运动心理学家很清楚，在比赛前不能让运动员太过放松了。你需要一些刺激来让自己出色发挥。"

　　无独有偶，美国心理学家罗伯特·罗森发现：焦虑并不是我们如影随形的梦魇，相反，掌控焦虑可能成为助推我们事业成功的利器。

　　另一位著名心理学家、瑞士苏黎世大学教授维雷娜·卡斯特也持类似观点。她说：太少焦虑会让我们处于危险当中，太多焦虑则会约束焦虑者，使他筋疲力尽。

普通的焦虑是正常和有积极意义的。一般程度的焦虑能引起肾上腺素分泌，使我们处于更敏锐的应激状态，从而使我们注意到问题的存在并采取行动避免，然后更好地享受生活。

因此，那些能够积极看待焦虑，正确利用焦虑，并巧妙地将焦虑情绪转化为动力的人，最终工作都会非常出色。

实际上，适度的焦虑能帮助我们应对变化、处理棘手问题，甚至能帮助我们从失败中走出来，无论在生活还是工作中都树立面对和解决问题的正确态度。所以，从某种意义上讲，焦虑无论对个人还是组织的成长，都是一个极佳的催化剂。

当然，什么是适度的焦虑，这个尺度很难把握。大多数人都会在过多、过少和适度的焦虑之间来回摇摆。

但这并不意味着我们无法掌控焦虑。只要你时刻对变化保持敏锐——不仅包括与他人和事物之间的互动，还包括审视自己内心的波动——及时顺应这种变化或者说不确定性，就能够将焦虑转化为动力，释放出巨大的能量。

|情|绪|控|制|术|

适度的焦虑，让我们免于对生活的冷漠，免于自我满足而停滞不前，它让我们感到不安，这种不安促使我们将挑战转变为机会，并做出必要的改变。

有一种心态叫无所谓

认识情绪

焦虑也好，不焦虑也罢，问题都在那儿，不会因为你焦虑就变好，也不会因为你不焦虑就变差。既然如此，焦虑又有何用？

一个人如果太过焦虑，紧张、恐惧会如影随形，最终不堪重负。

那么，如何避免过度焦虑呢？答案就三个字——无所谓！这不是让你随波逐流，更不是让你浑噩度日，而是让你放松心情，不要患得患失。

在非洲撒哈拉沙漠，有一种土灰色的沙鼠。每当旱季来临，它们便拼命储备粮食，以度过未来的艰难日子。因此，每年旱季来临前，也是沙鼠最繁忙的日子，它们在自家洞口进进出出，一趟又一趟地搬运草根。

然而，让人惊讶的是，当沙地上的草根足以让它们度过旱季时，它们仍然拼命地往洞里搬草根。直到洞里都堆满草根，它们才会感到踏实，不然就会焦躁不安。

研究发现，沙鼠的这种行为完全是遗传导致的病症，是一种本能的担心。因此，即便没有必要，它们仍然会一趟又一趟不辞劳苦地往洞里搬草根。

与沙鼠相比，人类又何尝不是如此？！当我们陷入焦虑情绪时，总是在无意中反复做一些毫无意义的事情，只为了解除心中的焦虑。

之所以如此，是因为我们总是把一些事情看得太过重要或者严重。比如，孩子放学回家晚了，父母就会焦虑、坐立不安，担心孩子会发生什么意外。尽管这种事情发生的概率极低，但他们的脑海中还是忍不住往坏的方向想。如此，焦虑感更强。

人一旦焦虑，很难停下来。因为焦虑就像没有拧紧的水龙头，不断往外喷水。那种绵延不断的焦虑感，会让人心智错乱、忧心忡忡。

轻度的焦虑，只是因为某件事情而引发；而重度的焦虑，则是因为不能放下，焦虑的情绪在心中不断强化，最终寝食难安。一旦出现这种症状，持续无法消退，就有可能患上精神方面的疾病。

心理问题有个特点，那就是它具有逆反性。你越是想消除焦虑，这种焦虑的感觉就越是难以消除，甚至更加强烈。所以，人一旦开始焦虑，就会备受煎熬。比如，一个人失眠的时候，越担心睡不着，就越是睡不着。

其实，就像人们烦恼的事情大多数都不会发生一样，人们焦虑的事情大多数也不会发生，只是他们的内心感到不踏实而已。

因此，要减少这种焦虑情绪，一个行之有效的办法是抱着"无所谓"的心态，告诉自己：焦虑也好，不焦虑也罢，问题都在那儿，不会因为你焦虑就变好，也不会因为你不焦虑就变差。既然如此，焦虑又有何用？

这不是让你视而不见、充耳不闻，而是从旁观者的角度看清事情的本质。

当你用这种心态去做事时，心中就不会有沉重的压力，也不会患得患失，从而能够最大限度地发挥自身的潜力和水平，最终把事情做好。

|情|绪|控|制|术|

生活不像我们想象的那样好，也不像我们想象的那样糟。凡事做最坏的打算，心态就会比较平和，也比较容易满足和快乐。

第八章

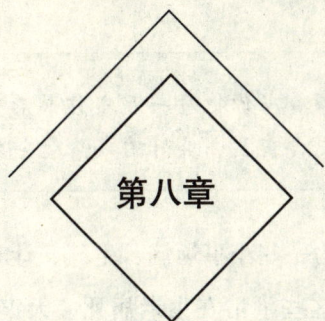

化解愤怒情绪

在所有的情绪里，愤怒的毒性最大，也最具有毁灭性。

古希腊哲学家毕达哥拉斯说："愤怒以愚蠢开始，以后悔告终。"因此，无论你怎样愤怒，都不要做出任何无法挽回的事来。

别为小事抓狂

认识情绪

> 小事永远只是小事。当你把每一天当作最后一天来过时，那些鸡毛蒜皮的小事就会消失，重要、美好的事情就会自动浮现。

生活中，我们常常为一些小事烦恼、生气，让自己陷入负面情绪。但过一段时间回头再看，这些事情在生老病死、天灾人祸等人生大事面前，根本不值一提。

为了这样的小事整天郁郁寡欢，甚至大动肝火，实在不是一件明智的事情。

小事永远只是小事。当你把每一天当作最后一天来过时，那些鸡毛蒜皮的小事就会消失，重要、美好的事情就会自动浮现。

殷海光是著名作家李敖的老师，出生于 1919 年，以"五四之子"自称。他的文章一度在杂志上大量发表，影响力如日中天，在国际上都非常有影响力。

但殷海光有一个问题，只要碰到不平事，气就不打一处来。据说有一次，他正在家里吃饭，忽然想到某个政敌的种种行径，不由得怒火万丈，气得连饭都吃不下去了。

后来，殷海光罹患胃癌，不到 50 岁就去世了。虽然从医学上讲，诱发胃癌的病因有很多，但不能控制自己的情绪，无论大小事都很容易生气，无疑是他英年早逝的原因之一。

他的学生李敖从老师的不幸中得到一个教训："无论在生活中遇到任何事情，我都不生气，我跟你逗着玩，我赢你，活过你。现在我成功了，我赢了！"

李敖文笔犀利，经常批评别人，但他很少因此动怒。他有个宿敌，比他心态还好，这个宿敌就是写下"乡愁是一枚小小的邮票，我在这头，母亲在那头"的诗人余光中。

号称从来不生气的李敖，经常在各种场合痛骂余光中，有人问余光中："李敖天天找你茬，你从不回应，这是为什么？"

余沉吟片刻，答道："天天骂我，说明他生活不能没有我；而我不搭理，证明我的生活可以没有他。"

显然，余光中是那种能够克制自己、不被小事牵着鼻子走的人。

没有人愿意生气，但在现实生活中，总是有一些人会不自觉地为一些小事情绪失控。

比如，有的人总是在一些无关紧要的小事上斤斤计较，甚至耿耿于怀。别人做了一件不合理的事，他们不依不饶，不评出个是非曲直决不罢休。结果，事情没有解决不说，自己反倒被气得半死，既伤了大家的和气，自己的身体健康也受到了影响。

如何才能避免成为这样的人呢？关键是要能放得下，保持一种"不在意"的心态。

一位百岁老人在谈到自己的长寿秘诀时说："一件事情，想通了就是天堂，想不通就是地狱。既然活着，就一定要活好。"由此可见，小事情会不会引发大麻烦和大烦恼，关键在于自己是否在意。

时间能够填平一切。多年以后，当我们回忆起那些曾经让我们愤怒的事情时，会发现它们真的不是什么大不了的事，当初的纠结显得非常愚蠢。

除了"不在意"的心态，还要试着让自己延缓发怒。如果你遇到一件事情的直接反应是发怒，试试看，延缓15秒后，再以你一贯的方式爆发。下一次，再延缓30秒。不断加长这一时间，有一天你发现自己能够延缓发怒时，你就学会怎样控制自己的情绪了。

|情|绪|控|制|术|

生活中，我们总会碰到一些不愉快的事。这其实很正常，如果为了这样一些微不足道的小事大发雷霆，就得不偿失了，不但会影响我们的情绪和身心健康，还会影响正常的工作和生活。

换个角度看问题

认识情绪

> 人这一生，总免不了碰到各种各样令人生气的事情。要想活得开心，就必须换个角度看问题，只有这样才能避免愤怒、冲动，情绪也不致失控。

世界上的事，总有明暗两面，我们的感觉是明还是暗，是愤怒还是快乐，并不取决于事情本身，而是取决于我们看问题的角度。同一件事情，从这个方面看让人愤怒，换一个角度看，愤怒也许会变成高兴。

宋代大诗人苏轼说："横看成岭侧成峰，远近高低各不同。"换个角度看问题，需要有一种豁达的心胸、一种淡然的心境。

在古代西藏，有个叫爱地巴的人，每次与人争执，一生气就跑回家，绕着自己的房子和土地跑三圈。

尽管他家的房子越来越大，土地也越来越广，但这个习惯一直保留，哪怕每次累得气喘吁吁、汗流浃背，也决不放弃。

后来，爱地巴老了，走路都要拄拐杖，生气时还是会围着房子和土地转三圈。

孙子不解地问："爷爷，您为什么一生气就绕着房子和土地跑？"

爱地巴对孙子说："年轻时，我不论和人吵架还是争论，只要一生气就绕着咱家的房子和土地跑三圈。我边跑边想：自己的房子这么小，土地这么少，哪有时间和精力去跟人生气呢？想到这里，我的气就消了。气消了，我就有更多时间和精力去工作和学习了。"

孙子又问："爷爷，现在您老了，也成了富人，为什么还绕着房子和土地跑呢？"

爱地巴笑着说："老了生气时，我绕着房子和土地跑三圈，边跑边想：我房子这么大，土地这么多，又何必和人计较呢？一想到这里，我的气就消了。"

同样是绕着房子和土地跑，爱地巴看问题的视角不尽相同。年轻时，他站在创业者的角度，将愤怒转化为积极向上的动力；年老了，他站在成功者的角度，心态也随之淡然。

这种人生大智慧，值得我们学习。

事实上，真正有大智慧的人，绝不会让某一件事情影响到自己的情绪，相反，他们总是善于将生活中的不利因素转化为对自己有利的因素。从这个意义上讲，如果说不能生气的人是懦夫，那么不去生气的人显然是聪明人。

换个角度看问题有时候给人一种自欺欺人的感觉，但它对我们的情绪控制，尤其是对愤怒情绪的化解，却有着不可估量的作用。

有一次，美国总统罗斯福的家中不幸失盗，被偷走了许多东西。一个朋友闻讯后，特意来信安慰他。罗斯福给朋友回了一封信，上面写道：

"亲爱的朋友，谢谢你来信安慰我。我现在很快乐。感谢上帝，因为第一，贼偷去的是我的东西，而没有伤害我的生命；第二，贼只偷去我的部分东西，而不是全部；第三，最值得庆幸的是，做贼的是他，而不是我。"

丢了东西固然令人恼火，但如果因此陷入愤怒、悲伤的情绪中，则只会扩大损失，对解决问题于事无补。罗斯福看问题的视角，让他能够保持一种平和的心态。

生活中，因为双方意见不合而激烈争吵，甚至大打出手的情况并不少见。其实，当你不能接受别人的观点时，你就应该意识到，别人也有权利不认可你的观点。如果不具备这种换个角度看问题的能力，那么争吵甚至动手，就是必然会发生的事情。

人这一生，总免不了碰到各种各样令人生气的事情。要想活得开心，就必须换个角度看问题，只有这样才能避免愤怒、冲动，情绪也不致失控。

|情|绪|控|制|术|

人之所以痛苦、愤怒，很多时候不是因为问题本身，而是因为对问题的看法。倘若能够换个角度看问题，就不会为失败而颓废、为名利而执迷不悟。

不要做无谓的争辩

认识情绪

与人做无谓的争辩，不但解决不了问题，还会影响你的情绪，使你失去自控力，以致做出不可理喻的事情来。

与人交往，有一个重要的原则，那就是永远不要做无谓的争辩。因为我们永远不可能在辩论中赢得胜利。即便赢了，一样也是输，因为你失去了友谊。

争辩胜利的喜悦转瞬即逝，留给你的将是一个敌人。本杰明·富兰克林说过："如果你总是抬杠、反驳，也许偶尔能赢，但那只是空洞的胜利，因为你永远得不到别人的好感。"

美国世界级拳王乔·路易斯在擂台上霸气十足，所有对手都惧他三分。但就是这样一个人，生活中却从不轻易和别人争辩。

有一次，他和朋友一起开车出游。途中，因前方出现意外，他不得不紧急刹车，不料后面的车因尾随太近，尽管也做出紧急刹车的动作，但两车还是有一点轻微碰撞。

乔·路易斯并没有把这当回事，他想双方协商就好了。谁知道，后车司机却怒气冲冲地跳下车，嫌他刹车太急，继而又大骂他驾驶技术有问题，并在他面前挥舞双拳，大有一种要将他一拳击倒的架势。

乔·路易斯自始至终都没有生气，而是不断向对方道歉。最后，那个司机骂得自己也觉得没兴趣了，于是扬长而去。

朋友不解，问乔·路易斯："那人如此无理取闹，还在你面前乱挥拳头，你为什么不狠狠揍他一顿？"乔·路易斯认真地说："如果有人侮辱了帕瓦罗蒂，帕瓦罗蒂是否应为对方高歌一曲呢？"

这种人与人之间的小摩擦，每天都在我们身边上演。有时候，我们可能就是其中的主角。遇到这种小摩擦，如果我们没有乔·路易斯那样的胸怀，就可能演变成一场唇枪舌剑。

乔·路易斯身为世界拳王，在面对别人的挑衅时，依旧保持着冷静和优雅，最后平息了一场可能的恶斗。这种处理方式，值得我们每个人学习。

俗话说，伸手不打笑脸人。遇到别人的挑衅，只要你抱着和解的心态，控制好自己的愤怒情绪，就能够处理好与他人的矛盾。反之，如果当仁不让，一定要争强好胜，那么小摩擦也会变成大矛盾，甚至在矛盾激化时酿成大祸。

其实，遇到这样的小摩擦，与人争辩是毫无意义的。因为争辩在大多数情况下是情绪化的、非理性的。一旦争辩发生，任你说得头头是道，对方也不会接受。

而且，伴随争辩的必然是叫骂、威吓、羞辱，这很容易将双方的观点冲突升级成维护自尊的冲突。到了这个时候，无论谁输谁赢，都会伤害到自己或他人。

那么，如何避免无谓的争辩呢？

除了宽容的心态之外，还要有良好的自控能力。面对对方的咄咄逼人，尤其是态度比较蛮横的挑衅，人都有一种天然的自卫心理。这时候，我们更需要冷静和自制，切不可让冲动之火烧毁理智的缰绳。

中国有句古话："天下事，何时了；有些事，不了了；一定了，不得了。"

意思是说，有些事是在不了了之中了的。延伸一下，可以这么理解：人与人之间的摩擦和分歧，倘若非要弄个非黑即白、水落石出，结果只会适得其反。"水至清则无鱼，人至察则无徒。"水太清了，鱼就无法生存；要求别人太严了，就没有伙伴。

有一位学者，研究辩论术多年，听过很多辩论，最后得出一个结论：你最好像避瘟疫一样避免争辩，因为它不能给你带来荣耀，却会给你播撒仇恨的种子。

佛教创始人释迦牟尼也说过类似的话，他说："仇恨永远没有办法中止仇恨，只会产生更深的仇恨，只有爱才能阻止仇恨。"

因此，当你和别人产生矛盾、出现摩擦时，不妨退让一步，用宽容的心来谅解对方。只有这样，才能减少双方的矛盾，从而化干戈为玉帛。

|情|绪|控|制|术

遇到别人的挑衅，只要你抱着和解的心态，控制好自己的愤怒情绪，就能够处理好与他人的矛盾。反之，如果当仁不让，一定要争强好胜，那么小摩擦也会变成大矛盾，甚至在矛盾激化时酿成大祸。

用自嘲化解尴尬

认识情绪

> 　　敢于自嘲的人都是非常自信的人，因为自嘲是拿自己的失误、不足甚至生理缺陷来开玩笑。一个人如果没有豁达、乐观的心态，是无法做到这一点的。

　　生活中，每个人都会遇到令人难堪的玩笑或者处境。遇到这种情况，如果你能够保持冷静，通过适当的自嘲，不但能让自己脱离尴尬，还能赢得别人的尊重。

　　霍夫曼是德国著名将军。有一次，他到慕尼黑去视察军队，慕尼黑军官俱乐部当晚举行宴会，欢迎他的到来。酒酣耳热之际，一个中士来给将军斟酒，由于紧张和激动，中士竟然一下把酒洒到了将军的秃头上。

　　在场的军官和士兵都十分紧张，不知道将军将如何惩罚那个可怜的中士。中士也吓得脸色灰白，汗珠子不断往下流。

　　这时，只见霍夫曼将军从口袋里拿出一块手帕，擦了擦脑袋，笑着说："小伙子，我这脑袋已经秃了20年，你这个方法我也用过，可是根本不管用！"

　　将军的话把大家都逗乐了，中士也在一阵哄笑声中恢复了平静，他感激地向将军敬了个礼，流着眼泪退了下去。这时，大厅里响起一片热烈的掌声。

　　不得不说，在这个案例中，霍夫曼将军的处理方式非常漂亮。

　　当时的情况，他无论发不发脾气，都不是最佳的处理方式。发脾气，不但会破坏宴会的气氛，还显得他很没有修养。强压怒火，不发脾气，自己又觉得尊严受到了侵犯。左右为难之际，他通过自嘲的方式，不但保护了自尊，还展现了自己的豁达大度。

由此可见，适度的自嘲不但能够平衡自己的情绪，使自己摆脱心中的怒火和不平衡，还能够制造轻松的交际氛围，使自己活得轻松洒脱，让别人感受到你的魅力和人情味。最重要的是，它有效地维护了你的面子，使你建立起新的心理平衡。

一般来说，越是自卑的人，遇到尴尬的处境时，内心就越容易失衡，表现在情绪上就是容易暴怒。相反，那些自信的人，不怕拿自己开涮，通过自嘲轻松化解尴尬，让自己的情绪始终处于平衡状态，不会轻易恼羞成怒。

有人认为，幽默是一种只有聪明人才能驾驭的语言艺术，而自嘲则是幽默中的最高境界。如此看来，能够自嘲的人必定是智者中的智者、高手中的高手。

事实上，敢于自嘲的人都是非常自信的人，因为自嘲是拿自己的失误、不足甚至生理缺陷来开玩笑。一个人如果没有豁达、乐观的心态，是无法做到这一点的。

需要指出的是，自嘲并不是自轻自贱。要运用好它，首先要自谦，还要自信。只有谦虚自信的人，才能经受住别人的嘲弄，以及自己对自己的"打击"。其次，要掌握一定的分寸，力求个性化，这样的自嘲才会有趣，才能化解尴尬。

具备以上两个条件，才能通过自嘲缓解情绪，保持内心的平衡。

|情|绪|控|制|术

人前蒙羞或处境尴尬时，用自嘲来对付窘境，不但能够给自己找个台阶下，还会产生很多意想不到的幽默效果。一个敢于自嘲的人，拥有制造愉快和摆脱困境的能力。因此，生活中，面对别人的冷嘲热讽，不妨试着自嘲一下。

冲动是最危险的伙伴

认识情绪

> 一个成熟的人，应该采取思考型的愤怒处理方式。比如在冷静下来后，和某人谈论你的愤怒，这才是一种成熟的处理方式。

每个人的心中都有一座火山。只不过，成熟的人心里是休眠的火山，而冲动的人心里是随时都可能喷发的活火山。

当你因为愤怒而失控时，就如同火山爆发，其行为所造成的影响，久久难以消除。所以，成熟的人轻易不会让火山爆发，他们知道另有途径可以化解心中的愤怒。

2008 年 7 月 23 日，演员李亚鹏从曼谷机场出来时，有香港记者追拍他的女儿李嫣并挑衅他。愤怒的李亚鹏掐住该记者的脖子，动手打耳光、砸相机并脚踢另一名女记者。在被带进警局接受调查时，仍然拒绝道歉，并宣称以后"见一次打一次"。

事后，李亚鹏虽然在博客中就过激行为给社会带来的不良影响公开道歉，但他仍然强调，自己的道歉只针对公众，如果"狗仔"继续触碰他的底线，他将奉陪到底。

李亚鹏之所以打人，是为了保护自己的孩子。因此，他的行为虽然有点过激，却赢得了广泛的同情和尊重，尤其是获得了众多网友的支持。

但这并不代表李亚鹏对此事的处理方式是最好的。毕竟作为一名社会公众人物，他有很大的社会影响力，当他愤怒时应该做的是应对而不是反应。

一般来说，面对别人的挑衅，有的人会以牙还牙，通过敌对、好斗的方式来表现自己的愤怒；有的人会直接（或跺着脚）走开；而有的人会采取折中的方式：先走开，等冷静下来再回来告诉对方，自己为什么会生气。

以好斗的方式表现自己的愤怒，是一种感情型的愤怒处理方式，也就是反应。

如果让人们选择怎样对别人的愤怒或者自己的愤怒做出反应，他们最典型的选择往往是攻击或者逃避。这是一种古老的反应，被植入人们的神经系统。但遗憾的是，不管你的愤怒是什么引起的，这两种反应都不能有效地解决问题。

事实上，无论是攻击还是逃跑，都属于憎恨型的愤怒处理方式，都是不可取的。一个成熟的人应该采取思考型的愤怒处理方式。比如在冷静下来后，和某人谈论你的愤怒，这才是一种成熟的处理方式。

虽说在自身权益受到侵害时，每个人都有权利愤怒，但以暴力的方式来表达愤怒却并不明智，只会带来更大的愤怒和伤害。

以李亚鹏为例，他与记者动手的时候，女儿李嫣在机场的角落被吓得瑟瑟发抖。可以想象，作为父亲的李亚鹏，在大庭广众之下大打出手的场面，必定会给孩子幼小的心灵留下阴影。最关键的是，李亚鹏打完记者也没能阻止女儿的照片被大范围传播。

所以，无论什么时候，我们都应该对自己的愤怒负责，要做出应对而不是反应。遇到情绪激动时，一定要冷静下来，不要让情绪失控。

最好的应对方式是真诚地表达你的愤怒，告诉对方你受到的伤害。如果这样做无济于事，那就想想更理智的对策。毕竟，我们需要的是解决问题，而不是发泄怒气。

|情|绪|控|制|术

想了解自己应对愤怒的方式是否合适，只需要看一下你发脾气之后情况是变好了还是更糟了。如果情况持续恶化，说明你采取的是反应模式；如果情况出现好转，则说明你采取的是应对模式。

心有多大，舞台就有多大

认识情绪

> 愤怒并不可怕，可怕的是无论碰到什么事都愤怒。这说明你完全没有自制力，一点小事就能让你暴躁不已。一个没有自制力的人，很容易做出不理智的行为。

忍耐是一种境界。忍人之所不能忍，方能为人所不能为。

因此，我们要学会忍耐，不要一遇到愤怒的事就情绪激动。学会忍耐，就是学会不在愤怒时做那种一时痛快悔恨终身的蠢事。记住，心有多大，舞台就有多大。

韩信早年家贫，经常被周围的人歧视和欺负。

有一次，一群人当众羞辱他。一屠夫对他说："你虽然长得又高又大，喜欢带刀佩剑，却是个胆小鬼。有本事的话，你用配剑来刺我！如果不敢，就从我的裤裆下钻过去。"

韩信自知形单影只，于是当着众人的面，从屠夫的裤裆下钻了过去，史称胯下之辱。

能忍一时之辱的韩信，后来投靠了刘邦，在跟随刘邦南征北战的过程中，立下赫赫战功，最终帮助刘邦统一了天下。

试想，如果韩信当初不能忍受胯下之辱，他后来能否建功立业就要打个问号了，也许早在愤怒中与人决斗致死。人如果不能控制自己的愤怒情绪，哪怕是一点小小的摩擦，也可能引起严重的后果，甚至出现丢魂丧命的情况。

人一旦愤怒，就很容易失去理智。你的愤怒越强烈，大脑就越容易被控制，对周围的一切视而不见、充耳不闻，最终做出不理智的行为。

一个暴怒中的人，听到的或者感受到的只有自己的愤怒。当这种愤怒消失后，他们通常会经历一种情感上的记忆缺失，甚至想不起来当初是什么让他们勃然大怒。当然，他们也记不住自己在盛怒之下说过什么和做过什么。

具有讽刺意味的是，他们常常对自己造成的伤害感到震惊，并为此感到后悔。

愤怒并不可怕，可怕的是，无论碰到什么事都愤怒。这意味着，你完全没有自制力，一点小事就能让你暴躁不已。一个没有自制力的人，很容易做出不理智的行为。

要提高忍耐力，就要有大事化小、小事化了的心态。生活中的一些小事，往往不能细想，越想越生气。与其如此，不如将它抛之脑后，以保持平和的心态。有了这种心态，就能控制愤怒，最终达到消除它的目的。

把愤怒的冲动变成理智的思考，这是忍耐力提高的表现。具体而言，当你愤怒时，能够控制自己的情绪，不恶语伤人，更不挥拳相向，这就是理智的表现。

总之，提高自身的忍耐力，就是锻炼自己的心理平衡能力。当你不再为一点小事暴跳如雷，不再因一句话就恶语伤人时，你就开始变得理智，情绪也不会在起伏中失控了。

|情|绪|控|制|术|

生活中，许多人动不动就暴跳如雷，本来很容易解决的事情，就因为缺乏忍耐力越来越恶化，最终一发不可收拾。其实，只要稍微提高一下自己的忍耐力，用理智而不是情绪去面对问题，那些让我们恼火的事情，都很容易被解决掉。

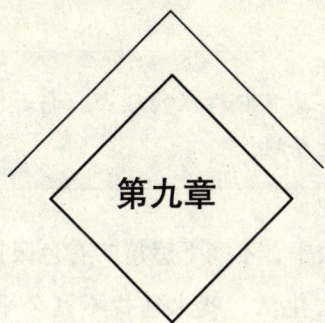

第九章

消除抱怨情绪

抱怨，从来不能解决问题，只会败坏自己的心情。

与其抱怨，不如改变。生活的不如意是我们成长的肥料，只要你锻炼自己的力量，就能用粗壮的手臂扼住命运的咽喉。

世上没有绝对的公平

认识情绪

> 你抱怨的事情，总有它存在的理由。与其抱怨，不如改变，自己改变了，一切都可能改观。

世上没有绝对的公平，不摘下感情的有色眼镜，用客观的立场去看待问题，用豁达的心态去生活，就永远找不到公平，永远生活在抱怨的世界里。

大哲学家黑格尔说：存在就是合理的。你抱怨的事情，总有它存在的理由。与其抱怨，不如改变，自己改变了，一切都可能改观。

在大草原上，狮子如果能追上羚羊，它就能生存；反之，如果它跑不过羚羊，就只能饿死。在这个食物链上，羚羊处于不公平的地位，因为它只能逃跑，无法反击。

面对这样的不公平，如果羚羊只知道抱怨，早就被吃掉了。换个角度，那些被它们吃掉的青草又向谁抱怨不公平呢？毕竟，羚羊还能跑，青草连逃跑的机会都没有。

世间的事情就是如此，永远没有绝对的公平。虽说人人生而平等，但实际上，我们从出生那一刻起，就面对不公平——城里的孩子生下来就过着安逸舒适的日子，而农村的孩子一开始就输在起跑线上。

因此，不公平才是这个世界的真实面貌。承认这一现实，我们才能放下抱怨，自我激励，通过自己的努力来实现相对的公平。

也许你一出生就拥有巨额财富，也许你一出生就一无所有。无论上天赐给你什么，你都该欣然接受，切不可因为先天条件不如人，就放弃拼搏的权利。

基础不如人，不代表你以后一事无成。只要你不抱怨，振作起精神，全力以赴改变现状，你就有机会去开创属于自己的未来。

不要羡慕那些生来就衣食无忧的人，他们是爷爷打天下，父亲守天下，孙子来享福。如果你能够脚踏实地，一步一个脚印，把抱怨的时间都用来努力做事情，那你就能打下属于自己的一片天地。

生活中没有绝对合理的分配法则，同一件事情，每个人的角度、位置和出发点不同，观点、意见和态度就会不同。这里面没有绝对的对错，也没有绝对的公平和不公平。

所以，不要苛求别人能够一碗水端平，更不要幻想绝对的公平。这样做只会让你产生抱怨情绪。相反，要破除对公平的刻板定义，弱化心中所谓的公平原则。

人生在世，不如意之事十有八九。无论你是富家子弟还是平民百姓，命运之神都不会特别眷顾你，你随时有可能遭遇天灾人祸。因此，得意时，不必沾沾自喜；失意时，也不必耿耿于怀。

塞翁失马，焉知非福？要相信上帝对每个人都是公平公正的。退一步讲，造物主造物时，已经待人不薄——死是每个人的归宿，也是每个人的自由和平等。明白了这一点，我们更要怀着感恩的心去生活，而不是坐等机会、抱怨终生。

|情|绪|控|制|术

承认生活不公平，并不意味着我们不必去改善现状、改善生活。公平都是靠自己去争取，不是靠别人给予的。那些渴望公平，却整天只知道抱怨，不肯为此付出努力的人，注定是要被社会淘汰的。

换个角度，世界大不一样

认识情绪

> 这个世界上每个人都是不一样的，即使最相爱的两个人对同一件事情的意见也不可能完全一致。明白这一点，你就会接受一些看似不可理喻的行为和观点。

换位思考，就是站在对方的立场，设身处地为他人着想，通过体验对方的角色来矫正和完善自己的角色。换句话说，就是对照内在的自己，来发现外在自己的不足，然后加以改进。就像平时照镜子一样，主角永远是你自己。

有这样一则寓言故事：

猪、绵羊和乳牛被关在同一个畜栏里。一天，猪被主人捆了起来，于是吓得"嗷嗷"大叫，拼命挣扎。这时，绵羊和乳牛对猪的表现嗤之以鼻，一起嘲笑它说："我们经常被主人捉住，谁也没像你这样害怕，真是胆小！"

猪回答："这完全是两回事。主人捉你们，只要你们身上的羊毛和牛乳，但捉住我，却是要我的性命啊！"

寓言中的绵羊和乳牛之所以嘲笑猪，就是因为没能站在猪的角度，设身处地地从猪的立场去思考问题。如果不能换位思考，我们就很难去理解别人的行为。

现实生活中也是如此，因为环境和角色不同，每个人对同一件事情的看法也不同，但那并不代表别人的观点都是错误的。如果能够换位思考一下，我们会发现别人的观点也是有道理的，甚至会认可他们的观点。

　　换位思考是消除抱怨的最佳手段。当我们抱怨家人不能理解自己，领导不能设身处地为自己着想的时候，当我们抱怨那些看起来不太合理的事情时，我们实际上是在习惯性地从外部找原因，而不是从自身找原因。

　　这也许跟人类自我保护的天性有关，但可以肯定的是，这种做法只会强化我们的抱怨情绪，对解决问题没有任何帮助。

　　换位思考还能改善人际关系。职场上，部门与部门之间、个人与集体之间、同事与同事之间，由于利益的冲突或组织协调等多方面的因素，难免会出现矛盾与分歧。这时候，只要懂得换位思考，多站在对方的立场上考虑问题，我们就能理解他人的行为。

　　生活中，各执己见是人与人之间矛盾冲突的重要原因。产生矛盾后，如果互不相让，就会造成双方关系的破裂。相反，如果能够换位思考，这一切就会迎刃而解。

　　只要你能够客观地认识到，这个世界上每个人都是不一样的，即使最相爱的两个人对同一件事情的意见也不可能完全一致，你就会接受一些看似不可理喻的行为和观点。即便这些行为触犯了你的利益，你也会想："换了我在那个位置上，是不是也会那么做？"

　　其实，学会换位思考并不难，无非是在矛盾和分歧出现时，站在对方的立场上，多想想对方的利益。一般来说，只要不涉及原则性问题，我们都能理解对方的举动。

|情|绪|控|制|术

　　工作中，多点换位思考，办起事来争议就少，效率更高；生活中，多点换位思考，才能够增进彼此间的理解和宽容。

凡事先从自身找原因

认识情绪

> 研究发现，无论哪个领域，85%的成功者都是内归因型的人。因此，工作中要多反省，这样抱怨就会少很多，进步也会快很多，心情自然就会平和很多。

习惯抱怨别人的人，总是拼命放大自己的优点，却拿显微镜观察别人的不足。

其实，我们的不足和别人一样多。能够心平气和地承认自己的不足，才能发现问题，解决问题，而不是整天陷在抱怨中。

有个人向朋友抱怨："我老板一点也不把我放在眼里，改天我要对他拍桌子，然后辞职不干。"

朋友问他："你完全了解那家公司吗？他们是如何经营的，你全部学会了吗？"

在听到否定的回答后，朋友说："君子报仇，十年不晚。我建议你好好学习，把他们的经营、管理都搞懂，甚至连怎么修理复印机都学会，然后再辞职不干。

"你把他们公司当作免费学习的地方，等所有东西都搞明白之后，再一走了之，不是既出了气，又有许多收获吗？"

那人听从朋友的建议，从此默记偷学，甚至下班后，还留在办公室研究怎样写商业文书。

一年后，朋友碰到他，便问："你现在学得差不多了，可以拍桌子不干了吧？"他却说："可是我发现，最近半年老板不仅对我刮目相看，还委以重任，又升职又加薪。我已经成为公司的红人了，为什么还要离开?"

很多人就是这样，碰到事情，首先抱怨别人，而不去反省自己的不足。

不敢承认自己的缺点，是一种不成熟的表现，它不能解决任何问题，只能掩盖你不敢面对现实的懦弱。除此之外，还可能给你留下重蹈覆辙的隐患。

生活中，有各种各样的机会，无论从事什么职业都可能成功，前提是你必须善于反省，承认自己的不足，并努力去弥补。同样的机会，有的人付出得多，就能够抓住机会；有的人付出得少，就可能失去机会。

失去一两次机会并不可怕，可怕的是，我们意识不到自身的问题，不知道应该更多地从自身去找原因，结果总是在失去机会。

与其抱怨，不如反省。多想想自己的不足和欠缺，多想想自己哪里做得还不够好，一旦你学会了检讨自己，你就会有更多的收获和更大的提升。

心理学上有个归因概念，最早由美国心理学家海德提出。按照不同的对象，归因可分为内归因和外归因。内归因是把成功或者失败的原因归结于自己，凡事都在自己身上找原因。与之相对应，外归因是把成功或者失败的原因归结于外部环境。

研究发现，无论哪个领域，85%的成功者都是内归因型的人。

因此，工作中要多反省，凡事多从自身找原因，这样抱怨就会少很多，进步也会快很多，心情自然就会平和很多。相反，一味地强调别人不对，寻找外归因，就看不到自己的不足，抱怨的情绪就会出现。这对我们的进步没有一点积极意义。

|情|绪|控|制|术

人们之所以抱怨，是因为他们认为抱怨能给自己带来某些好处，比如获得别人的同情、认可或者可怜的优越感等。

但事实上，抱怨是无能的表现，不但解决不了任何问题，还会给我们带来一连串的负面影响。只有善于从自身找原因的人，才能够解决问题，不断获得进步与提升。

接纳不完美的自己

认识情绪

> 世上没有十全十美的人，更没有十全十美的人生。刻意追求完美，只会给人生徒增很多烦恼。只有坦然面对现实，接受生活中的不完美，才会一步步靠近完美。

有句话说得好，理想很丰满，现实很骨感。

世上没有十全十美的人，更没有十全十美的人生。刻意追求完美，只会给人生徒增很多烦恼。只有坦然面对现实，接受生活中的不完美，才会一步步靠近完美。

有个人在退潮的海滩上捡贝壳，由于每个贝壳里的珍珠或多或少都有一点瑕疵，他每捡起一个瞧一瞧，就随手将它们扔掉。就这样，他捡了整整一个下午，也没有找到理想中完美的珍珠。

正当他准备放弃时，却幸运地发现了一颗硕大而美丽的珍珠，只是珍珠上有一个小小的斑点。他心想，要是没有这个斑点，那就完美了。于是，他刮去珍珠的一部分表层，但斑点还在；于是又狠心地刮去一层，斑点依旧存在。

就这样，他不断地刮下去……最后，斑点没有了，但珍珠也不存在了。

所以，凡事追求完美，就会像故事中的这个人一样，即便拥有一颗硕大而美丽的珍珠，最后也会因为自己的完美主义而失去。

俗话说，金无足赤，人无完人。现实中没有绝对的完美，非要执着于完美而不肯接受现实，失落、抱怨的情绪就会纷纷出现。

期望越高，失望越大。凡事力求完美的人，最终是跟自己过不去，一生都与快乐无缘。反之，那些不苛求完美的人，却处处可以发现完美，因为任何事物都有值得欣赏的地方。

美国火箭专家阿瑟·鲁道夫是阿波罗计划的功臣，他对完美有过精辟的论断：

"你需要一个不会渗漏的阀门，并且竭尽所能开发这样的阀门。但现实世界给你提供的是渗漏的阀门，因而你必须做个决断，你到底能忍受多大程度的渗漏。"

绝对的完美即便存在，也难以追求。比如，你想追求完美的人生，那么人生中的诸多选择，你必须每一次都正确。

倘若以此为目标，你人生中的每一次选择都将异常艰难，因为你不知道未来会是什么样子，你现有的知识储备也难以支撑你做出正确的选择。于是，你可能会避免选择，或者任其自然。这样一来，你得到的结果，反而是最糟糕的。

追求完美，是怕自己不够好的另类表达，而完美主义者，常常源于缺乏安全感，想赢得别人赞美而做出的一种努力。

人人都向往完美的人生，但我们应该知道，十全十美的事是不存在的，就像鱼和熊掌不可兼得一样。所谓完美，只不过是人们的一种幻想和目标罢了。承认这种现实，不因为完美而纠结，才是真正的完美，才能彻底摆脱人生的苦恼。

从某种意义上讲，完美在每个人的心中。学会面对和接受不完美，凡事就会接近完美，甚至连残缺也会变成一种完美。

接受不完美是一种生存智慧，也是营造快乐人生的技巧。既能接受自身的不完美，也能接受别人的不完美，这样的人才能获得自在、快乐和潇洒。

|情|绪|控|制|术

顺其自然，尽自己最大的努力，就算有一些不完美，也不必苛求。生活不是因为完美才有意义，而是因为有缺憾才有意义的。

与其发牢骚，不如提建议

认识情绪

> 无论工作还是生活中，只要我们对相关问题进行深入理性的思考，很多牢骚是可以转化为建议的。有时候，只要在表达方式上稍微变通一下，牢骚也能变成建议。

看到问题，只能说明你关注此问题。如果还能提出相应的建议，不但自己的抱怨和牢骚会消失，还会因为解决了问题而很有成就感。

因此，无论碰到什么事情，都要少发牢骚多提建议。

这并不是说，我们没有发牢骚的权利，而是说我们应该多提建议。实际上，无论工作还是生活中，只要我们对相关问题进行深入理性的思考，很多牢骚是可以转化为建议的。有时候，只要在表达方式上稍微变通一下，牢骚也能变成建议。

在电视剧《康熙帝国》中，康熙皇帝刚登基不久，对如何治理天下心里也没底，于是向一位大师取经。大师指出了朝廷和社会上存在的种种问题，可当康熙问他如何处理这些问题时，大师却惭愧地答道："我还未考虑如何办才好。"

对于这样的一幕，我们每个人都不陌生。生活中，我们很多人和这位大师一样，只知道问题在哪里，却提不出任何建设性的意见。

作为一种抱怨情绪，牢骚并非一无是处，但相比之下，它的弊要大于利。

喜欢发牢骚的人，往往看不到积极的一面。他们喜欢戴着有色眼镜看问题，常常一叶障目，不见森林。这样，一方面会让自己在遇到困难时丧失信心，另一方面还会影响自己在别人眼中的形象——发牢骚是一个自我矮化的过程，牢骚越多，你在别人眼中的形象就越差。

当然，牢骚并非不可发，只是要讲究方法和技巧。

不要什么事都发牢骚

如果你被情绪主导，无论什么事都牢骚满腹，那你就变成一个浑身散发着负能量的人，不但无法解决你想要解决的问题，反而会让身边的人逐渐远离你。

因此，发牢骚前，先在脑子里想一想：这件事值不值得发牢骚？发了有多大作用？如果只是抱怨，那就赶紧闭嘴；如果说出来能够改善，那就找能够解决问题的人去说。

无法解决的问题，不要发牢骚

明明知道发牢骚不能解决问题，你还牢骚满腹、喋喋不休，那你是跟别人过不去还是跟自己过不去？

有人说："只有提出问题才能解决问题，不提出永远没有解决的可能。"这其实是一种错误的认识。生活中，有些问题是很难解决的。比如，制度问题、腐败问题等，越是深层次的问题，越难以解决。如果每天在这些事情上发牢骚，那完全是跟自己过不去。

已经引起重视的问题，不要再发牢骚

任何问题的解决都需要一个过程。在这个过程中，你的工作或生活可能依然会受到影响，但这一切已经不重要。只要有人对你发牢骚的问题负责，并开始着手解决，那你就没有必要继续抱怨。

其实，牢骚发得再多，也不如提建议的效果好。因为发牢骚只是一种被动的应对，而提建议才是主动去解决问题。

比如，我们与同事合作出了问题，使得工作难以展开，如果不解决就会影响工作效率。此时，你是纠缠于谁来负责任，还是想办法去解决问题，以保证工作顺利开展呢？

显然，如果纠缠于谁来负责任，工作就开展不下去，抱怨情绪随之出现。反之，如果把注意力放在解决问题上，双方就能统一起来，劲儿往一处使，最终将问题解决掉。这样一来，就没有了抱怨的对象，牢骚自然也就消失了。

|情|绪|控|制|术|

抱怨不能解决任何问题，但提建议可以。经常提建议，特别是建设性的意见，无论对解决问题还是提高个人的能力，都是非常有好处的。

学会欣赏别人

认识情绪

> 自我是一面镜子，当我们看到人性善的一面时，照出的是我们内心的善；当我们看到人性恶的一面时，照出的是我们内心的恶。

两眼之间距离最近，但产生的误差却最大。世界就在那里，它本身多姿多彩、美丽动人，关键是我们用什么样的眼光去发现它。

老总和副总坐在暗处观察前来应聘的人们。副总一脸失望地抱怨：这么多面试者竟然没有一个可用之才。

老总："我看个个都是人才！"

副总："你看那个人，眼睛转来转去，贼眉鼠眼，一看就是心怀鬼胎！"

老总："我看他挺机灵，可派他去仓库工作，眼观六路，耳听八方，一定不会丢东西。"

副总："还有一个打电话的，都讲了半个小时了。这么爱讲话，肯定会耽误工作。"

老总："这种人能言善辩，让他去做销售，正好发挥特长。"

副总："那个睡觉的，从他身边经过还闻到酒味。这种工作态度怎么做事?!"

老总："能喝酒的人善应酬，可安排到公关部。这个人喝多了只睡觉不闹事，酒品很好。酒品好的人，人品也差不到哪里去!"

副总："那旁边那个又老又丑、学历又不高的女人总没有什么用处了吧?"

老总："谁说的? 正好安排到你身边当秘书，省得你老婆吃醋!"

想象一下，在上面这个故事中，老总说话时是一种什么情绪，副总又是什么情绪? 毫无疑问，老总的情绪积极、乐观，而副总的情绪消极、悲观。

遇事盯住别人的缺点，似乎是人的本性。

据说，普罗米修斯创造了人，又在每个人的脖子上挂了两个口袋，一个用来装别人的缺点，一个用来装自己的缺点。装别人缺点的袋子挂在脖子前，装自己缺点的袋子则挂在脖子后。因此，人们总是能够很快地发现别人的缺点，而对自己的缺点却视而不见。

这种选择性的注意妨碍了我们正确认识别人和世界。

事实上，每个人都有优点，不管他是谁，也不管他曾经做过什么，总有比我们优秀的地方。当我们抱怨别人的时候，为什么不用逆向思维去解读对方的优点呢?

当你讨厌一个人时，眼里只有他的缺点，这是人性的盲点。

去动物园看孔雀，如果用一种欣赏的眼光从前面看，会发现孔雀开屏非常美丽。如果怀着恶作剧的心态从后面看，会发现孔雀开屏时是一只非常丑的大鸟。

看人也如此。用欣赏的眼光看，会发现对方的很多优点，反之，会发现很多缺点。本来可以用欣赏的眼光看，非要追着"孔雀的屁股"看，那就是我们的心态有问题。

自我是一面镜子，当我们看到人性善的一面时，照出的是我们内心的善；当我们看到人性恶的一面时，照出的是我们内心的恶。所以佛说：爱出者爱返，福往者福来！

|情|绪|控|制|术

学会欣赏别人的优点，你的人生会进入一种全新的境界。努力发现并承认别人的优点，便能将那些既弄痛自己又刺伤别人的铁钉，变为镶嵌在眼里的钻石。这样一来，我们眼中的世界，将变得更加璀璨、美丽。

人要知足常乐，但不是维持现状

认识情绪

> 人活着就是一种心态。对什么事都要求不高，有一点就很满足，这种人的生活才会充满阳光。相反，对什么事都要求很高的人，往往会很失落。

知足是一种平和的境界，常乐是一种豁达的人生态度。

知足常乐，并不是安于现状、不思进取，而是珍惜、享受现有的收获，充分挖掘现有的潜力。这种心态能够让我们始终保持愉快的精神和情绪。

明朝有个教书先生叫胡九韶，他家境贫困，教书的同时还种地，即便这样也只能满足基本温饱。日子虽然过得清贫，但每天黄昏，他都要到门口焚香，朝天拜九拜，感谢上天赐给他一天的"清福"。

妻子笑他说："我们一日三餐都是菜粥，哪里谈得上清福？"

胡九韶回答:"我首先很庆幸生在太平盛世,没有战争兵祸。其次,庆幸我们全家人都有饭吃、有衣穿,不致挨饿受冻。最后,庆幸家里没有病人,监狱中没有犯人。这不是清福是什么?"

清贫的胡九韶就这样过着幸福的生活。这种幸福,是建立在知足常乐的基础上的。要知道,当你抱怨没有鞋穿的时候,有些人却连脚都没有。

人活着就是一种心态。对什么事都要求不高,有一点就很满足,这种人的生活才会充满阳光。相反,对什么事都要求很高的人,一旦得不到或没有达到预期的结果,就会非常失落。如此一来,心态就会失衡,也就没什么快乐可言。

生活中,你快不快乐,完全取决于你看待、理解生活的方式和态度。

培根说,性格决定命运。其实,决定命运的不止是性格,还有努力、机会和运气。否则,我们就无法解释为何那么多相同性格的人,命运会千差万别。明白了这个道理,我们才能开心度过每一天。

过日子需要钱,对财富的态度,实际上就是对生活的态度。有位哲人说过,不为贫困苦恼有两种方式:一是增加你的收入;二是减少你的欲望。

面对灯红酒绿的世界,人们的欲望像沟壑一样,难以填平。有的人透支生命去换取钱财,却不知道钱财买不回生命。其实,人之所以活得这么累,一半源于生存的压力,一半源于攀比。对生活的要求越少,日子就过得越快乐。

有人把一生总结为几个阶段:0 岁出场,10 岁快乐成长,20 岁为情所困,30 岁基本定型,40 岁拼命打闯,50 岁回头望望,60 岁告老还乡,70 岁搓搓麻将,80 岁晒晒太阳,90 岁躺在床上,100 岁挂在墙上。生得伟大,死得凄凉!

所以,该吃就吃,该喝就喝,遇事别往心里搁;洗着澡,看着表,舒服一秒是一秒;别算计,别生气,开心幸福是上帝;不攀比,不抱怨,知足常乐;爱家爱妻爱老人,亲情比天大;吃好睡好工作好,越简单越好。

这话听起来像调侃，其实非常精辟地描绘出了人的一生。老子曾经说过："乐莫大于无忧，富莫大于知足。"人生幸福与否，取决于自己对生活的态度。快乐过好每一天，明天才会变得更美好。

|情|绪|控|制|术|

人生在世，知足不失为一种自我解脱的方式。知足者无论想问题还是做事情，都能够顺其自然，进而保持一份淡然的心境，并乐在其中。

第十章

平衡嫉妒情绪

嫉妒，是人类心灵上的肿瘤。嫉妒的人，常自寻烦恼。

要想消灭嫉妒心，最好的办法是，求事功而不求名声，用实际行动超过对方。

把嫉妒转化成动力

认识情绪

> 克服嫉妒情绪，最好的方法是将它升华。换句话说，将嫉妒转化为奋发向上、赶超他人的动力。这是嫉妒的好处，它能催人上进。

天堂与地狱只有一步之遥，竞争与嫉妒也只有一线之隔，区别在于是否将对方的失败看作个人成功的条件。以赛跑为例，竞争表现为自我激励，试图赶超对方，而嫉妒则表现为希望对手被绊倒以消除竞争。

一个人如果只知道嫉妒别人，而不愿正视自己的不足，就会停滞不前。一分耕耘一分收获，如果别人的收获比自己多，那肯定是别人洒下的汗水比自己多。既然如此，我们就没有理由去嫉妒别人。

克服嫉妒情绪的最好方法是将它升华。换句话说，将嫉妒转化为奋发向上、赶超他人的动力。这是嫉妒的好处，它能催人上进。

恰到好处的嫉妒心可以转化为一种理想或抱负。所以，不要让嫉妒之火消耗人生的能量，相反，要学会借嫉妒之力来增强自己的力量。

知耻近乎勇，认清自己的不足，努力弥补，才是正确而积极的人生态度。有嫉妒别人的时间，还不如多向别人学习，看看自己到底哪里做得还不够好。

想办法改变自己的现状，嫉妒才会变成动力。一个意志坚强、充满自信的人不会被嫉妒冲昏了头脑，他们只会选择赶超。

那些不能将嫉妒转化成动力的人，就是在拿别人的成绩来惩罚自己。

战国时的庞涓嫉妒孙膑，最后身败名裂。三国时的周瑜嫉妒诸葛亮，最后被三气而亡，临死前还愤恨地感叹："既生瑜，何生亮。"这些都是因为嫉妒，不能合理地调节、控制自己的情绪，结果在伤害别人的同时，也给自己造成了人生悲剧。

德国有一句谚语："好嫉妒的人会因为邻居的身体发福而越发憔悴。"好嫉妒的人总是拿别人的优点来折磨自己。别人年轻他嫉妒，别人长相帅他嫉妒，别人有才他嫉妒，别人有钱他嫉妒，别人老婆漂亮他嫉妒……总之，只要比自己好，都嫉妒。

事实上，嫉妒没有任何意义，也不能改变现状。一个人的出身、相貌等是天生的，不是想改变就能改变的。因此，我们没有必要去嫉妒别人。

聪明的人将嫉妒转为化赶超的动力，督促自己奋发进取，努力缩小与对方的差距，在这个过程中去追求和实现更高的目标。这才是正确的态度。

|情|绪|控|制|术

对别人产生嫉妒情绪并不可怕，关键是我们能不能正视它。如果能把嫉妒转化为奋斗的动力，时时鞭策自己，化消极为积极，那么这种情绪反而能使我们赶上甚至超过别人。

攀比不是错，但不能盲目攀比

认识情绪

> 攀比不可怕，可怕的是事事攀比。有这种心理的人，生活再富足，也不会快乐。正所谓天外有天，人外有人，这个世界上总有人比你更优秀、更风光。

如果我们只想获得幸福，那很容易实现。但如果我们希望比别人幸福，那就很难，因为我们总是高估别人的幸福程度。

小赵是一名公务员，一直过着安分守己的稳定日子。

一天，他去参加高中同学聚会。十几年没见，本来乘兴而去，去了才发现，很多经商的老同学都住着豪宅、开着名车，一副事业有成的样子。

回到单位后，他像变了个人，整天长吁短叹，逢人便倾诉心中的烦恼："那小子，考试就没有及格过，凭什么有那么多钱？"

"虽然我们的薪水不能跟富豪比，但过得不也挺好吗？"同事安慰他说。

"很好？我的工资一辈子也买不起一辆宝马车。"

"我们这些坐办公室的，有钱也犯不着买豪车啊。"他的同事倒看得很开。可他却因为整天郁郁寡欢，后来竟患了重病，终日卧床不起。

公务员的安稳、舒适无须赘言，可故事中的小赵既想安稳、舒适，又想和经商的人一样有钱，犯了事事都要攀比的毛病，最终引发心理疾病也就在所难免了。

攀比是人的一种本能。人活在这个世界上，无时无刻不在攀比，只不过有些人的攀比很理性，而有些人的攀比则比较盲目，甚至心理失衡。

生活中，攀比现象比比皆是，只不过以不同的方式存在。比如，你开奔驰、宝马，我开宾利、劳斯莱斯，这是同类物质间的比拼，大家拼的是豪车。再比如，你秀钻戒，我炫耀古玩藏品，两者看上去风马牛不相及，实际上也是一种比拼。

不要以为攀比只是富人之间的游戏，普通百姓的攀比一点也不弱，甚至更盲目。除了财富、工作单位、孩子的学校、学习成绩，甚至家人的优点都可以成为攀比的对象。

其实，攀比不可怕，可怕的是事事攀比。有这种心理的人，生活再富足，也不会快乐。正所谓天外有天，人外有人，这个世界上总有人比你更优秀、更风光。

很多时候，我们只要退一步，就会发现，生活中有很多事情其实没必要太在意。过分纠结只会换来自我折磨，并不会产生任何积极的效果。

当你学会理性思考，不再事事攀比时，就会发现，生活对每个人都是公平的。我们都拥有和享受着一样的喜怒哀乐、爱恨情仇，只是每个人的方式不一样。

有的人苦尽甘来，有的人甘尽苦来，有的人大起大落，有的人大喜大悲。世界上没有永远的赢家，也没有永远的输家，到最后你会发现，无论生前多么风光，死后都是一抔黄土、一个坟头，所有的攀比在这一刻都变得毫无意义。

|情|绪|控|制|术

当你学会理性思考，不再事事攀比时，就会发现，生活对每个人都是公平的。我们都拥有和享受着一样的喜怒哀乐、爱恨情仇，只是每个人的方式不一样罢了。

虚荣会开花，但不会结果

认识情绪

> 一般来讲，自尊心越强的人，虚荣心也越强。自尊心当然是好事，但因为自尊心而产生强烈的虚荣心，那就是坏事了。

嫉妒的人通常比较好面子，他们不希望别人超过自己，并通过贬低别人来抬高自己。这是一种扭曲的自尊心，追求的是虚假的荣誉。

2006年端午节前夕，一位母亲从老家赶到城里探亲，结果却被自己的孩子拦在大学校门口，理由是担心衣衫褴褛的母亲被同学看到后会被耻笑。最后，母亲不得不含泪离开。

此事被媒体曝光后，在社会上激起了各种道德斥责。

俗话说：儿不嫌母丑，狗不嫌家贫。这位大学生的做法确实应该受到指责。然而，换位思考一下，这位赶走母亲的孩子，内心未尝不爱他的母亲。只是，虚荣心和不成熟使得他采取了一种最让人瞧不起的方式来避免别人瞧不起。

生活中，像这位大学生一样虚荣的人不少，只不过表现方式不同罢了。

比如，很多人故意炫耀家长的身份、地位、财富等。这样的表现，其实比那位赶走自己母亲的大学生强不了多少。以富为荣和以贫为耻，从某种意义上讲都是虚荣心在作怪，都是势利的表现，没什么两样。

人不可能完全没有虚荣心。一般来讲，自尊心越强的人，虚荣心也越强。自尊心当然是好事，但因为自尊心而产生强烈的虚荣心，那就是坏事了。

很多人的虚荣心太强，甚至到了愚蠢、可笑的程度。据报道，在有些经济非常落后的地区，下岗职工竟然穿着上万元一件的衣服。他们不是有钱，而是虚荣心在作怪，所以借钱也要打扮。

真正的自尊是内心的自我认可，而不是向外寻求他人的认可。拥有这种心态的人会正视客观条件带来的不平等，穷就是穷，矮就是矮，有差距就是有差距，不否认，不隐瞒，也不自卑。所以，他们不会因为自尊而产生虚荣，更不会因为虚荣而产生嫉妒。

虚荣心恰恰相反。虚荣的人特别在意别人的看法，生怕别人瞧不起自己，不认同自己。所以，对虚荣的人来说，一旦别人瞧不起他，他就会感到很压抑，不惜以高昂的代价来换取别人的认可，甚至会因为嫉妒做出伤害别人的事情。

事实上，人一旦有了虚荣心，就会产生一种病态的嫉妒行为。虚荣心强的人总是否定自己的缺点，他们在潜意识里把自己想象得很优秀，并伴有嫉妒下的冲动，最终表现出排斥、打击、挖苦、疏远等行为，甚至为难比自己强的人。

如何避免虚荣心呢？答案是强化自信心。一个人如果自尊心太强却又缺乏能力和自信，必然导致抱负和能力脱节，那么自尊心就很容易转化为虚荣和嫉妒。

|情|绪|控|制|术

一个人如果自尊心太强却又缺乏能力和自信，必然导致抱负和能力脱节，那么自尊心就很容易转化为虚荣和嫉妒。如何避免虚荣心呢？答案是强化自信心。

保持"比下有余"的心态

认识情绪

> 大多数人不会和抽象的全国平均水平比，但他们常常和左邻右舍、工作中的同事或大学时的同学进行比较，看到自己的排名越是靠前、地位越高，幸福感就越强。

我们都在追求完美，但世间没有人是完美的。伟大和平庸的区别在于，是否能够正视并接受自己的不完美，充分发挥自己的优势。

历史上，很多先天有缺陷的人，最后凭借自己的努力，成就了一番事业。

梵高常年受情绪困扰，但他在艺术上的成就却是超凡的。

孙膑腿上有残疾，但他是中国古代杰出的军事家。

罗斯福下肢残疾，但他带领美国人赢得了第二次世界大战的胜利。

爱因斯坦曾遇到学习障碍，但他在科学上的成就有目共睹。

其实，每个人都有别人比不了的优点，只是我们总喜欢拿自己的缺点去跟别人的优点比，嫉妒心才会处处可见。如果我们学会用自己的优点去跟别人的缺点比，拥有一种比上不足、比下有余的心态，人生就会少很多烦恼，嫉妒心也不会那么强烈。

人往往就是这样，看到别人骑高头大马而自己骑毛驴，心里就会感到不舒服。其实，回过头来看，还有很多人连驴都骑不上，只能步行。想到这里，心情马上会好一些。这就是一种比较心理，它影响我们的情绪，最终影响了我们的幸福。

"比上不足"的心态可以激发我们的上进心，"比下有余"的心态则可以给我们带来心理平衡，最终减少嫉妒情绪，让我们产生幸福的感觉。

美国心理学家克里斯·博伊斯和西蒙·穆尔研究发现，当国家整体都变得富裕时，个人并不一定会感到更富有，因为他们在社会中的相对地位并未发生改变。

事实上，大多数人不会和抽象的全国平均水平比，但他们常常和左邻右舍、工作中的同事或大学时的同学进行比较，看到自己的排名越是靠前、地位越高，幸福感就越强。

克里斯·博伊斯说："与自己的绝对财富相比，人们在与他人比较中的排名更能预示自己的幸福程度。"

他们最终得出结论：金钱或许买不到幸福，但能买到地位，而身份和地位的确能让人们更幸福一些。排名比绝对财富更能预示一个人的生活满意度，比下有余才是幸福之源。

所以，在嫉妒别人时，不妨看看那些不如自己的人。一个人往上比会使心态失衡，往下比则能获得优越感，让心态恢复平衡。或者，在嫉妒别人某一方面比自己优秀的时候，不妨看看对方不如自己的地方，这样也可以让自己的心情恢复平静。

|情|绪|控|制|术

金钱或许买不到幸福，但能买到地位，而身份和地位的确能让人们更幸福一些。排名比绝对财富更能预示一个人的生活满意度，比下有余才是幸福之源。

珍惜你已经拥有的

认识情绪

> 世间最珍贵的不是得不到，也不是已失去，而是现在能把握的
> 幸福。

一个阳光灿烂的早晨，垂垂暮年的富翁坐在自家的豪宅门口，看着门前人来人往。

几个年轻人说笑着走来，他们衣着朴实，但浑身散发着青春的气息。富翁想，如果我能回到他们的花样年华，哪怕只是一年，我也愿意用全部的财富来换。年轻人也看到了富翁和他的豪宅，禁不住想：要是能拥有富翁1/10的财富，为此付出任何代价都在所不惜。

于是，富翁感到很失落，他为岁月的无情而绝望。而年轻人则产生了嫉妒心理，他们觉得人生很不公平。

附近的一个乞丐正在晒太阳，他把破破烂烂的衣裳拿出来，晒在路边的树枝上，然后眯起双眼，开始享受阳光。他没看见富翁，也没看见年轻人，只看见遍地阳光。

世间最珍贵的不是得不到，也不是已失去，而是现在能把握的幸福。当你嫉妒别人的财富时，不妨想想自己拥有的健康；当你嫉妒别人的才华时，不妨想想自己拥有的家庭。

不要因为失去而懊恼，也不要因为得不到而妒火中烧。想想自己已经拥有的，比如幸福的家庭、可爱的孩子等，你就会拥有满足感。

总是和别人攀比的人，体会不到自己已经拥有的幸福。

当你抱怨父母不理解自己时，你体会不到父母还健在的幸福；当你抱

怨孩子淘气顽皮时，你体会不到有一个健康活泼的孩子多么幸福；当你觉得自己的爱人不如别人时，你体会不到一个人把一生的幸福都交给自己是一种怎样的信任。

攀比不会让我们幸福，只会让我们烦恼，因为这个世界上总有人比你更优秀。当你和这些人比较时，你总是处于劣势。刚开始，你看到不如自己的人时，或许还有点满足感，一旦看到比自己成功的人，一定会羡慕嫉妒恨。

世界上有两种人不会轻易去嫉妒。

一种是伟大的成功者，他们远远超过一般人，很难找到与之匹敌、值得其嫉妒的对手。还有一种人，比伟大的成功者更不易嫉妒，那就是懂得人生限度的人。他们知道个人受限于智商、情商、家庭背景等条件，不可能事事心想事成。

所以，不要和别人做比较。如果你非要这样做，不妨和自己比。好好审视一下自己，看看自己取得了哪些成就和进步。自己和自己比，可以最大限度地消除嫉妒之心。

|情|绪|控|制|术|

不要因为失去而懊恼，也不要因为得不到而妒火中烧。想想自己已经拥有的，比如幸福的家庭、可爱的孩子等，你就会拥有满足感。

祝福别人的成功

认识情绪

> 人之所以嫉妒，无非是因为别人比自己优秀。破除这种情绪的方法之一，是用祝福的心态看待他人的成功。

欣赏他人、祝福别人的成功是一种豁达的人生态度，也是消除嫉妒心的钥匙。只有学会欣赏他人，我们才能真正理解他们成功背后付出的努力，并以此来激励自己成长。

嫉妒与学历无关，但与人性和情商有关。

北京大学心理系的一名女研究生，因为嫉妒同学拿到美国某大学的高额奖学金，偷偷以该同学的名义给对方发了一封邮件，说自己放弃这个机会。结果，奖学金旁落他人。

按理说，学心理学的人应该更擅长控制自己的情绪。可案例中的这位女研究生偏偏做出了令人诧异的举动。为什么？说到底，是嫉妒心理在作祟。

嫉妒心强的人，通常缺乏正确的竞争观念。他们只关注别人的成绩，因为关注，所以嫉妒、怨恨，积郁久了，最终形成一种心理障碍。这种心理障碍诱使他们做出损人不利己的举动，同时给自己的身心健康造成极大的危害。

美国心理学专家经过长达 25 年的跟踪调查后发现，嫉妒程度低的人，只有 2.3% 的人患心脏病，死亡率也只有 2.2%；嫉妒程度高的人，超过 9% 的人都得过心脏病，死亡率则高达 13.4%。由于嫉妒对人体的严重摧残，德国等国家甚至将它列为一种疾病。

人之所以嫉妒，无非是因为别人比自己优秀。破除这种情绪的方法之一，是用祝福的心态看待他人的成功。

当你放下嫉妒心，用祝福的心态看待他人的成功时，你就会发现对方的优点，从而激励自己进步。从这个意义上讲，越是衷心祝福别人的人，自己也越容易成功。

曾子曰："出乎尔者，反乎尔者。"意思是说，你怎样对待别人，别人也会反过来怎样对待你。当你祝福别人的时候，即便对方不会马上回报你，这个世上也一定有其他人会报之以相等的祝福。

道理虽然简单，但能做到的人却很少。对于别人的成功，一般人总是以羡慕开始，以嫉妒恨结束，最终陷入嫉妒的泥潭不能自拔。

其实，懂得祝福别人的人才是最聪明的。因为你一个人幸福，只是享受了你自己；如果你祝福一百个人的成功，你就能享受到一百个人的幸福。相反，如果别人成功你就难受，那么一百个人成功，就会有一百个人在折磨你。

成功的人越多，折磨你的人就越多，这就是嫉妒带来的后果。

一个人如果总是因为嫉妒别人的幸福而痛苦，那他一生都会活在痛苦中。反之，如果能祝福别人的成功，就会激励自己赶超对方，从而形成一种良性循环。

|情|绪|控|制|术

当你放下嫉妒心，用祝福的心态看待他人的成功时，你就会发现对方的优点，从而激励自己进步。从这个意义上讲，越是衷心祝福别人的人，自己也越容易成功。

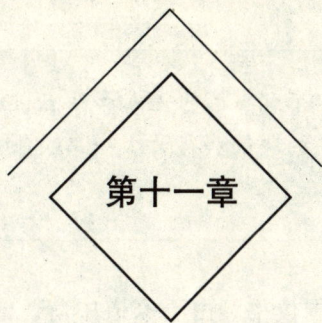

第十一章

摒弃浮躁情绪

浮躁是快乐的天敌。战胜浮躁的关键是倾听内心的声音，不要随大流，不要跟在别人屁股后面亦步亦趋。你若不浮躁，外界的浮躁又与你何干？

人生最难的是认识自己

认识情绪

一个人如果认识不到自己的优点和缺点，就容易浮躁，容易急功近利，从而做出错误的决策和行为。一旦决策失误，成功就会越来越遥远。

有个年轻人到美国读书。由于家道中落，他为了节省学费，接济家里，就进入了康奈尔大学，选学农科。

康奈尔大学农学院设有洗马、套车、驾车、下田农耕等实习课程。年轻人本来就出生于农村，并不担心这些课程。他对洗马、套车等都很感兴趣，也可以应付自如。可是，在给苹果分类时，他却洋相百出。

按照校方要求，学生必须在规定的时间内完成对30种苹果的分类。许多学生只用二三十分钟就分完，可年轻人花了两个半小时，翻来覆去，也只能勉强分辨出二十多个品种。

事后，他冷静分析，觉得自己不适合农学，于是转而研究自己擅长的历史、文学，最终功成名就。

这个年轻人，就是后来成为现代著名学者的胡适。

每个人都有特长，有的人擅长经商，有的人擅长搞科研。只有正确认识自己，客观评价自己，才能静下心来做自己喜欢的事情。也只有做自己喜欢的事情，才能成功。

一个人如果认识不到自己的优点和缺点，就容易浮躁，容易急功近利，从而做出错误的决策和行为。一旦决策失误，成功就会越来越远。

很多人之所以心态浮躁，满腹牢骚，一个重要的原因是高估自己的能力，在盲目的乐观情绪下，制定出一些超过自身能力的目标。一旦这个目标迟迟不能实现，心态就难以恢复平静，时间长了，必然会出现浮躁情绪。

俗话说，知人很难，知事也难，知理更难，知己最难。可见，正确认识自己并不是一件容易的事。杨绛先生在《走到人生边上》一书中感慨道：

"了解自己，不是容易的事。头脑里的智力是很狡猾的，会找出种种歪理来支持自身的私欲。得对自己毫无偏爱，像侦探侦查嫌疑犯那么窥伺自己。"

要正确认识自己，就必须真诚倾听各方意见，经常进行反思和自我剖析，这样你才能看清楚自己的缺点和不足。千万不要盲目地自我陶醉，也不要把别人的恭维和奉承当成对自己的真实评价，更不要想当然地认为自己无所不能。

盲目陶醉只会让你变得更浮躁，看到别人经商赚大钱，你也想着去做生意；看到别人考上了公务员，你也想进入体制内；看到别人出国留学，你也想着要出国镀金。

殊不知，有的人天生不适合经商，有的人天生不适合读书，还有的人天生就不适合当官。非要去做自己不擅长的事，又怎么可能做好，又怎么可能不浮躁呢？

所以，要想不浮躁，首先从认识自己开始。

|情|绪|控|制|术

法国大思想家蒙田说，世界上最重要的事情就是认识自我。知道自己想要什么，这也许不能解除我们对人生的所有困惑，但至少会减少我们的许多迷茫和浮躁，让我们能够倾听内心的声音，不那么容易迷失自我。

人生路上切莫太心急

认识情绪

> 急功近利者，一叶障目，不见泰山；只闻到芝麻香，却忘了西瓜甜；只看到暂时的利益，而忘记长远的发展。

宫本和柳生是日本近代的两名剑客，也是师徒关系。

柳生拜师学艺时，问宫本："师傅，根据我的资质，要练多久才能成为一流剑客？"

宫本回答："至少10年。"

"如果我加倍苦练呢？"

宫本答道："那就要20年。"

柳生又问："假如我晚上不睡觉，夜以继日地苦练呢？"

"那你根本不可能成为一个剑客。"宫本答道。

宫本和柳生的对话，看似违背常理，实则暗藏大智慧：成功必须一步一个脚印，脚踏实地干。一味求急图快，违背事物发展的客观规律，后果只能是欲速则不达。

破茧成蝶的过程虽然痛苦，但只有经历了这一劫，才能换来日后的翩翩起舞。任何只要结果而无视过程的行为都违背了常理，违背了自然规律。

生活中，我们也跟柳生一样，经常犯急功近利的错误。比如，我们买一本书，常常是粗略翻过一遍就束之高阁，然后自认为已经读懂。如果是一本大部头的专业书，我们会产生一种压力，总想着以最快的速度读完。

这种冲动，说白了就是浮躁。只要读完就算完成任务，而完全不关心自己是否弄懂了书中的内容，是不是真的能学以致用。

"欲速则不达"，这是论语中的名言。道理大家都懂，但真正能静下心来，遵循事物发展规律的人，少之又少。

宋代理学家朱熹自幼聪明绝顶，十五六岁就开始研究禅学。然而，人到中年他才发现，速成不是创作的良方，任何事情只有下苦功才能有所成。于是，他以十六字箴言对"欲速则不达"做了精彩的诠释："宁详毋略，宁近毋远，宁下毋高，宁拙毋巧。"

急功近利者，一叶障目，不见泰山；只闻到芝麻香，却忘了西瓜甜；只看到暂时的利益，而忘记长远的发展。他们总是头痛医头、脚痛医脚，为了眼前的利益，完全不顾未来的发展；为了一时的痛快，以长远的痛苦为代价。

从这个意义上讲，急功近利是成就大事业的绊脚石。

急功近利的人因为浮躁，总是盲从世俗。他们的脑袋长在别人的脖子上，别人说当兵时髦，他们便想办法穿上军装；别人说文凭重要，他们便马上去混文凭；别人说经商赚钱，他们便马上辞职，一头扎进商海大潮里。

然而，世间的事就是如此，你越急功近利，就越难成大业。因为你的时间和精力都消耗在了短期行为中，消耗在浅薄的劳作中。哪怕一时得利，最终还是微不足道。

|情|绪|控|制|术

成功必须一步一个脚印，脚踏实地地干。一味求急图快，违背事物发展的客观规律，后果只能是欲速则不达。

穷人空想，富人实干

认识情绪

> 德国有句谚语："思想的巨人，往往是行动的矮子。"这个世界上，有想法的人太多，但真正将想法付诸实践的人太少，成功大都属于后者。

临渊羡鱼，不如退而结网。一个人要想成功，光羡慕是羡慕不来的，只有减少浮躁，脚踏实地，从小事做起，有了想法就付诸行动，才有机会。

在一个讲座上，老师对台下的听众说："想赚钱的请举手！"

台下的人都举起了手。

老师又说："想成为成功人士的请举手！"

台下的人也都举起了手。

老师最后说："目前已做到的请举手！"

台下没有人举手了。

老师笑了笑，问大家："你们想成功想了多久？"

德国有句谚语："思想的巨人，往往是行动的矮子。"这个世界上，有想法的人太多，但真正将想法付诸实践的人太少，成功大都属于后者。

只有欲望没有行动的人，不但无法成功，还会变得越来越浮躁。因为欲望不会消失，而实现欲望的途径有千万条，今天看这种方式可以赚钱，明天又发现那种方式可以赚更多的钱。结果，梦中想了千百遍，醒来还是在床上。

大脑一天可以产生成百上千个想法，有的是关于日常生活的，有的则是关于未来发展的。无论和什么有关，它们都需要明确的解答。

浮躁的人做事不经过深思熟虑，他们的思维总是处于跳跃状态，习惯从这件事跳到那件事，又从那件事跳到另外一件事。他们会很轻易地否定和放弃一些事情，当然也会很轻易地赞成和接受一些事情。

这样的人，常常事情还没有做就想得到结果。所以，他们做不到宁静，也做不到忍耐和等待。他们追求的是立竿见影，立刻获得成功，最好是一夜暴富或者一夜出名。否则，他们的兴趣会很快转移到其他事情上。

要想成功，就必须付出行动，并且坚定不移地执行下去。如果干什么事都"这山望着那山高"，人的精力就无法集中起来，成功也就遥遥无期。久而久之，会变得很浮躁，动不动就怨天尤人，发脾气，甚至撒手不管。

这个世界上从来就不缺少有想法的人，但缺少有行动力的人，尤其缺少能在一条路上风雨兼程走到最后的人！培根说："好的思想，尽管得到上帝赞赏，然而若不付诸行动，无外乎痴人说梦。"可见，任何想法，只有付诸行动，才能获得成功。

当你真正行动起来时，你会发现，无论是曾经的读书计划，还是人生的职业规划，实现起来并不是那么难。人生有了梦想才有动力，而要想实现梦想，我们必须敢于行动，也必须善于行动。

|情|绪|控|制|术

这个世界上从来就不缺少有想法的人，但缺少有行动力的人，尤其缺少能在一条路上风雨兼程走到最后的人！任何想法，只有付诸行动，才能获得成功。

制定够得着的目标

认识情绪

> 制定目标是一项技术活。目标定得太高、太长远，一旦短时间内不能实现，人很容易变得焦躁。因此，制定一个切实可行的目标非常重要。

制定目标是一项技术活。目标定得太高、太长远，一旦短时间内不能实现，人很容易变得焦躁。因此，制定一个切实可行的目标非常重要。

1952 年 7 月 4 日清晨，美国加利福尼亚海岸被浓雾笼罩。在海岸以西 21 英里的卡塔琳娜岛上，43 岁的费罗伦丝·查德威克正准备从太平洋游向加州海岸。

那天雾很大，海水冻得她身体发麻，她几乎看不到护送她的船。时间一点点过去，成千上万的人坐在电视机前看着她完成这一伟大的创举。有好几次鲨鱼靠近她，都被护送船上的人开枪吓跑了。

15 个小时后，她又累又冷，浑身冻得发麻，但大雾笼罩下的海岸似乎还遥不可及。她觉得自己坚持不下去了，就叫人拉她上船。

此时，在另一条船上坐着她的母亲和教练，他们告诉她离海岸已经很近，希望她不要轻易放弃。但查德威克朝前望去，除了浓雾什么也看不见。几十分钟后，她最终还是让人把她拉上了船。令人遗憾的是，拉她上船的地点，离加州海岸只有半英里之遥！

得知这一事实后，从寒冷中慢慢复苏过来的查德威克非常沮丧。后来她承认，令她半途而废的不是疲劳，也不是寒冷，而是她在浓雾中看不到目标。

　　许多时候，我们做事之所以没有恒心，总是半途而废，不是因为难度太大，而是觉得成功离我们太远。确切地说，我们不是因为失败而放弃，而是因为浮躁而失败。

　　因为浮躁，我们对制定的目标产生怀疑，行动也始终犹豫不决。当我们朝一个方向努力时，常常会在中途被另一个目标吸引。于是，我们时而信心百倍，时而又低落沮丧。

　　一个人如果没有成功经验，就会变得很浮躁。

　　有人做过一个实验：将几只白鼠放在装满水的水杯里，结果它们挣扎了一阵子就放弃了，最后沉入杯底。但对其中的两只，研究者在它们即将放弃的时候伸出钩子把它们救了出来。结果，再次做实验时，这两只白鼠在水中挣扎的时间延长了一倍多。

　　可见，即便是白鼠，当它们知道坚持是有意义的时候，也会为此付出更多。

　　这个实验告诉我们，在做一件事情之前，如果没有成功经验，要学会制定一个科学合理的目标，最好是稍微高于自己的能力但努力之后又能实现的目标。

　　查德威克两个月后再次游同一个海峡时，就对总目标进行了分解。因为心里有底，她始终对完成目标信心十足，最后顺利游过了海峡。

　　对总目标进行分解，其实就是制定一个能够得着的目标。这就好比篮球架之所以做成现在的高度，而不是两层楼高，是因为没有人能将球投进那么高的篮筐。相反，如果篮球架只有普通人那么高，谁都可以伸手投进去，就没有挑战性，大家会失去兴趣。

　　所以，篮球架一定要设计成只有跳一跳才能够得着的高度。

|情|绪|控|制|术

　　在做一件事情之前，如果没有成功经验，要学会制定一个科学合理的目标，最好是稍微高于自己的能力但努力之后又能实现的目标。

一次只做一件事情

认识情绪

> 浮躁多半是因为内心失衡，使自己无法专注于解决眼前的问题，进而让浅层思维占据大脑的制高点，制造了新的失衡，最终陷入万劫不复的恶性循环。

"夫君子之行，静以修身，俭以养德，非淡泊无以明志，非宁静无以致远。夫学须静也，才须学也，非学无以广才，非志无以成学。淫慢则不能励精，险躁则不能冶性。年与时驰，意与日去，遂成枯落，多不接世，悲守穷庐，将复何及！"

这段话是诸葛亮 54 岁时写给儿子的《诫子书》。大概意思是说，一个人不追求名利才能坚定自己的志向，不追求热闹才能实现远大理想……不纵欲放荡、消极怠慢才能勉励心志使精神振作，不冒险草率、急躁不安才能陶冶性情使节操高尚。

虽然已经过去一千多年，但毫无疑问，这段话对今天的人们仍有重要启示。

在今天这个喧嚣的世界，很多人追求功名利禄，一切向钱看，心中那片宁静的绿洲都被摧残殆尽，只剩下荒漠、沙丘和浮躁。随着生活环境的改变，生活质量降低了，生活节奏加快了，麻烦也增多了。浮躁使人失去了原始的根。

人一旦心里有了浮躁，就无法静心思考，看待问题也就没有了深度，常常做出错误的决定。只有内心宁静下来，才能控制浮躁的情绪，少出差错。因此，遇到大事或变故，能够时刻保持冷静和理性，是一种化境的功夫，需要经历很多的磨炼。

浮躁多半是因为内心失衡，使自己无法专注于解决眼前的问题，进而让浅层思维占据大脑的制高点，制造了新的失衡，最终陷入万劫不复的恶性循环。

智慧在宁静中产生，愚蠢在浮躁中孕育。你的身体尽可以在世上驰骋，你的心情尽可以在红尘中起伏，但内心一定要有一个宁静的核心。有了这个核心，你才能够专注，才能够坚持。这是成就一切事业的前提和基础。

怎样才能让自己静下来，形成这个核心呢？一靠修心，二靠磨炼，三靠养性。

所谓修心，就是要淡泊名利，心有定力，不被进退困扰，不被宠辱俘虏。

所谓磨炼，就是要磨炼意志，志存高远，不为一点成绩而骄傲，不为一时挫折而沮丧。

所谓养性，就是要静下心来学习，让自己视野开阔、头脑清醒，遇事从容不迫。

除了静心，还要有专注做事的毅力。静心是为了达到思考的深度，专注则是为了把一件事情做好、做精。精通一项技能，往往需要5—10年的时间。如果只有思考的深度，没有专注的力度，就很容易半途而废，做事无疾而终。

所谓做事专注，就是一次只做一件事，不让思维开小差转移到其他事情或想法上。专注于你要做的任务或项目，放弃所有其他会让你分心的事。

如果把你要做的事情想象成一大排抽屉里的一个小抽屉，那么，你的工作就是一次只拉开一个抽屉，等做完这个抽屉的工作，再推回去。要把精力集中在已经打开的那个抽屉上，而不要总想着所有的抽屉。

|情|绪|控|制|术|

你的身体尽可以在世上驰骋，你的心情尽可以在红尘中起伏，但内心一定要有一个宁静的核心。有了这个核心，你才能够专注，才能够坚持。这是成就一切事业的前提和基础。

重视结果，更要关注过程

认识情绪

> 从幼儿园到考大学，学校教育更注重结果，而不是学习的过程。这种单纯追求结果的教育模式，让我们难以形成全面的专注思考。

每一件事情，都是过程和结果的统一体，两者相辅相成。没有好的过程，就不会有好的结果。有了好的过程，结果通常也不会太坏。

所以，我们无论做什么事，都要重视结果，关注过程。

1982 年，佛罗里达航空公司一架飞机失事，造成 74 名乘客丧生。这趟由华盛顿特区飞往佛罗里达州的常规航班，全体机组人员经验丰富，正副驾驶员身体状况良好，精力充沛，也没有任何压力或其他影响。那么，灾难究竟是怎么发生的？

事后调查发现，起飞前的全机检查是罪魁祸首。

当时，驾驶员按照表单开始例行检查，以确保每个开关都一如既往到位。其中一个开关是防结冰装置。

也许是因为惯性，正副驾驶员在做检查时完全不经思考，像往常一样流于形式。当检查到防结冰装置时，他们按照惯例关闭了该装置。然而，这次航班与平时飞往温暖的南方不同，目的地是冰天雪地的北方。

当驾驶员按照惯例对每个控制器轮番进行检查时，看上去像是在思考，实际上根本就没有动脑子。导致这一切的罪魁祸首，是以结果为导向的做事思维，它让我们变得浮躁、心不在焉，让我们做事缺乏专注力。

缺乏专注力的原因很多，其中一个原因与我们的启蒙教育有关。从幼儿园到考大学，学校教育就更注重结果，而不是学习的过程。这种单纯追求结果的教育模式，让我们难以形成全面的专注思考。

当孩子开始一项新的活动时，大人往往要求他们达到某个目的。此时，孩子会担心："我能行吗？万一没做到怎么办？"

大人对孩子的要求，让孩子感觉输赢事关重大，他们忽视了孩子与生俱来的好奇心和探知欲。在大人的影响下，孩子关注的不再是画笔的色彩、纸张的设计，或者其他可供选择的形状，他们开始把得到结果当作写作绘画的目的。

一个以结果为导向的人，做起事情来通常会比较浮躁、心不在焉，没有耐心。如果我们知道如何解决一个问题，我们便不再觉得自己有必要潜心去做。

例如，当我们对某件事很熟悉时，便只注意细节，认为只要把事情做对就万事大吉。相反，当我们要做的事情很陌生时，我们可能会因为害怕失败，瞻前顾后。这样一来，我们就会变得缺乏专注力，尽管我们貌似专注于那些与结果有关的问题。

相比之下，以过程为导向的思维模式，不是质疑"我能行吗"，而是自问我应该如何来做。在这种思维模式下，我们会主动思考如何达成目标，具体需要采取哪些步骤和措施。过程导向的人通常以"没有失败一说，只因方案不奏效"为指导原则。

|情|绪|控|制|术

一个好的过程不一定能产生好的结果，但一个坏的过程一定不会产生好的结果。以过程为导向，才能够让我们专注于所做的事情，不急躁，不投机取巧。

坚持到最后一分钟

认识情绪

> 很多人一遇到点挫折或困难，就踟蹰不前。他们总是浅尝辄止，刚开始一腔热血，然后热情消退，最后干脆放弃。其实，成功有时候就差最后一点坚持。

古时候，有两个兄弟很有孝心。他们每天上山砍柴，换钱为老母亲治病。一位神仙被他们的孝心感动，决定帮助他们。

于是，神仙告诉他们，将四月的小麦、八月的高粱、九月的稻、十月的豆、腊月的雪放在千年泥浆做成的大缸内密封七七四十九天，待鸡叫三遍后取出，汁水可卖钱。

兄弟两人按神仙教的办法各做了一缸。等到四十九天鸡叫二遍时，老大耐不住性子打开缸，一看里面是又臭又酸的水，便生气地洒在地上。老二则坚持到鸡叫三遍后才开缸，发现里边是又香又醇的酒。

据说，这就是"洒"与"酒"的区别：不满期限便是洒，期满便成酒。

俗话说，酒是陈酿的好。何谓陈酿？陈酿就是不心浮气躁，不急功近利，不急于求成。

成功如果说有秘诀，那么，唯一的秘诀就是坚持到最后一分钟。在人生的道路上，失败是不可避免的事，无论你愿意与否，都注定有此一劫。

很多人一遇到点挫折或困难，就踟蹰不前。他们总是浅尝辄止，刚开始一腔热血，然后热情消退，最后干脆放弃。其实，成功有时候就差最后一点坚持。

是什么原因让我们放弃呢？是急于求成的浮躁心态。

我们都知道，电话是贝尔发明的。可实际上，发明电话的大量艰苦的工作是爱迪生完成的，贝尔所做的贡献仅仅是将电话里的一个螺母转动了1/4周。爱迪生与成功的距离，仅仅是将一个螺母转动1/4周而已。

再比如医学家罗斯，为了证明蚊子是疟疾的传播媒介，在显微镜下辛苦观察了八个小时，不但眼睛酸痛、汗流浃背，还忍受着蚊虫叮咬，但因为仍有两只蚊子没有观察，他咬牙继续工作。

结果，就是在这最后两只蚊子身上，他发现了与疟疾寄生虫的色素完全一样的小颗粒，从而为人类找到了传播疟疾的根源。

荀子说："骐骥一跃，不能十步；驽马十驾，功在不舍；锲而舍之，朽木不折；锲而不舍，金石可镂。"黎明前的一刻，往往是最黑暗、最阴冷的。很多人之所以失败，就是因为没有坚持到最后一分钟，倒在了黎明的前夜。

坚持到最后一分钟，就要相信目标终会实现，今天的所有坚持都是有意义的。否则，就会像故事中的老大一样，因为浮躁而在最后的关键时刻放弃。

坚持是一种成功者的品质，它让你摒弃浮躁，静下心来，不再害怕做事见效慢。它让你脚踏实地，不冒进，不急于求成。因为摒弃了浮躁情绪，无论面对什么样的艰难险阻，你都能想办法克服它，而不是绕开它，或者转而寻求其他目标。

生活中，无论做什么事，都会遇到困难和挫折。这个时候，浮躁情绪会乘虚而入，动摇你的信念。一旦你不能挺住，就会失去勇气和信心。相反，如果一开始就有坚持到底的心态，就不会浮躁，因为你对困难有了充分的思想准备。

|情|绪|控|制|术

坚持是一种成功者的品质，它让你摒弃浮躁，静下心来，不再害怕做事见效慢。它让你脚踏实地，不冒进，不急于求成。

经得起诱惑，耐得住寂寞

认识情绪

> 玫瑰虽好，荆棘在侧；水滴石穿，何止十年寒窗！诱惑和寂寞是我们战胜浮躁的两大敌人。人生要想幸福，就要经得起诱惑，耐得住寂寞。

戴摩西尼是古希腊著名演说家。年轻时，他为了提高自己的演说能力，躲在一个地下室练习口才。由于耐不住寂寞，他时不时跑到外面去溜达。心静不下来，练习效果自然也很差。

后来，为了抵制诱惑，他干脆把自己的头发剃掉一半，变成一个古怪的阴阳头。这样一来，因为怕被人看见嘲笑，他彻底打消了出去玩的念头。由于一心一意练口才，一连数月足不出户，他的演讲能力突飞猛进。

无论是谁，要把一件事情做好，成为某一领域的专家，就必须心无旁骛、全身心地投入。如果抵挡不住外界的诱惑，耐不住寂寞，就会被浮躁俘虏，以致半途而废。

从这个意义上来讲，诱惑和寂寞是我们战胜浮躁的两大敌人。

当今社会，科技突飞猛进，物质不断丰富，媒体上充斥着有关奢华的时尚名牌，以及代表身份和地位的洋房、别墅的资讯，读来让人蠢蠢欲动。于是，我们很容易就向诱惑投降，当了诱惑的俘虏。

如何抵制外界的诱惑呢？答案是保持一颗平常心。

所谓平常心，是指面对外界的人和事时，能够保持从容、淡定，有定力。从容就是冷静面对眼前的一切，得意时不骄傲自大，受挫时不灰心丧气；淡定就是坚持自己的选择，不因别人的成功或失败而心浮气躁；有定力就是不轻言放弃，耐得住寂寞。

有人认为，甘于寂寞是一种消极厌世的人生态度，是自命清高的表现，一个有上进心的人，不应该如此，而应该高调、张扬。

这种观点有失偏颇。耐得住寂寞并不是要你离群索居，也不是要你与世隔绝，它是对追逐名利、骄矜浮躁的一种睥睨，是对市侩俗气、纸醉金迷的一种鄙夷。其作用是让你在喧嚣的世界中保持内心的宁静，在权力、金钱、美色的诱惑下，保持一份沉静的心态。

不甘寂寞，就是在工作和学习中，不固守现状，不甘于平庸；相反，要保持一种进取心和奋发向上的积极心态。

耐得住寂寞，就是在工作和生活中，不随波逐流，不急功近利；相反，要保持一种持之以恒、踏踏实实做事的心态，始终有一颗平常心。

两个"寂寞"虽然内涵不同，但缺一不可。只有不甘寂寞，才有奋发向上的动力；只有耐得住寂寞，才能抵制权力、金钱、美色的诱惑，坚定不移地实现远大目标。

|情|绪|控|制|术|

诱惑是外扰，寂寞是内忧；诱惑考验定力，寂寞考察心境。能在诱惑面前不动声色的人，才是难得的高手；能在寂寞面前坚定前行的人，更是真正的英雄。

第十二章

克服厌倦情绪

　　厌倦的本质，是对身边的人或事失去兴趣。
要克服厌倦情绪，就要反其道而行之，坚持做自
己喜欢且擅长的事情。

做自己喜欢的事情

认识情绪

> 做自己喜欢的工作，是成功的前提。当你不把工作看成一种谋生手段，而是一种乐趣时，你不但不会厌倦，甚至会为它痴狂。

在 2005 年斯坦福大学的毕业典礼上，乔布斯说过这样一番话：

"支持我前行的动力只有一个，那就是我对自己所做的事无比钟爱。你必须找到你的所爱，无论对于工作还是爱情皆如此。

"工作将占据你生活的一大部分，只有坚信你正在从事着伟大的事业，才能真正感到满足；而只有你去爱你的工作，才会成就一番伟业。

"如果你现在还没有找到，继续寻找，不要气馁。因为你在全心全意地寻找，所以当它真正出现时，你一定会发现它的存在。就像任何深厚的情谊一样，日久而弥坚。继续寻找直至成功，不要停下你的脚步！"

这番话告诉我们，你的爱好就是你的方向，你的兴趣就是你的资本。只有做自己最感兴趣、最擅长的事情，我们才能真正感到满足，才不会感觉厌倦。

兴趣是人们做事的动力之源。没有兴趣，就缺少热情，就无法全身心地投入工作。久而久之，工作会成为你厌倦和痛恨的对象。反之，如果你喜欢自己的工作，哪怕工作时间再长，你都不觉得是在工作，而像是在做游戏。

事实上，做自己喜欢的事情，也是成功的关键。因为只有喜欢，才愿意投入，才能够长久地坚持下去。

哈佛大学曾对 1500 名学生做过一项调查。

这些学生被询问他们选择专业是出于爱好还是为了赚钱。结果，1255名学生回答是为了赚钱，245名学生表示是出于爱好。这项调查为期10年，旨在了解为了金钱和因为爱好而努力奋斗的两种人，最后有多少人能够成为富翁。

调查结果显示，在为爱好而奋斗的245名学生中，有100人成了富翁。而在为金钱而工作的1255名学生中，只有1人成了富翁。

这个调查结果证明了一个事实：做自己喜欢的事不但是一种人生追求，也是获得成功的重要前提。

为什么做自己喜欢的事情更容易成功呢？答案是，当你不把工作看成一种谋生手段，而是一种乐趣时，你不但不会厌倦，甚至会为它痴迷。

要知道，每个人都会对自己感兴趣的事情心驰神往。爱迪生每天十几个小时泡在实验室，在很多人看来，这是一件非常枯燥的事情，但爱迪生却说："我工作过吗？我从来就没工作过，我只是做我自己喜欢的事情。"

做自己喜欢的事情，要建立在自己擅长的基础上。如果不了解自己的特长和天赋，一味地去做自己喜欢却不擅长的事情，结果可能适得其反。

人在年轻时最容易犯这种错误。他们一旦对某个事物感兴趣，就会拼命地下苦功夫，结果因为天赋不行，最终一事无成。这些人被自己的兴趣和热情蒙蔽，等日后醒来时，悔之晚矣。

很多人迫于生活的压力，不得不接受自己不喜欢的工作岗位，这是人生的无奈。但不要灰心，只要你愿意，仍然可以利用业余时间在自己喜欢的事情上做出成绩来。

|情|绪|控|制|术|

能够做自己喜欢且擅长的事情，是人生的一大幸事。喜欢就不会厌倦，所以年轻时，我们要明白自己想要什么、能做什么。随波逐流、没有目标和方向是非常可怕的，它会毁掉我们的人生。

让工作变得有趣

认识情绪

> 当你觉得工作枯燥时，不妨想办法让它变得有趣起来。改变想法就能改变结果。正确的思想会使任何工作都不再那么讨厌，使自己从工作中获得更多的快乐。

工作就是工作，它不可能像休闲度假一样充满新奇和喜悦。但是，我们可以通过改变自己的想法，在工作中寻找并创造乐趣。

费希尔年轻时是一个看管旋钉子机器的工人，天天在钉子堆里打滚，每天从早上进入工厂到下午离开工厂，接触到的全是钉子。

单调、枯燥、重复的工作让费希尔感到疲倦，慢慢地，他开始满腹牢骚。他的抱怨传染给了身边的一位同事，后者也跟着抱怨起来。

费希尔听到同事的抱怨后，反而有了想法：为什么不把工作改成有趣的游戏呢？

他对同事说："我们来一场比赛，你负责做旋钉机上磨钉子的工作，把钉子外面粗糙的一层磨光，我负责做旋钉子的工作，谁做得快谁就赢了。"

他的提议立即得到同事的响应。结果，在相互竞争的推动下，两人的工作效率成倍地提高，不但获得了老板的表扬，职位也升迁了。

后来，费希尔成了休斯敦机器制造厂的厂长。

在一个岗位干久了，人们会对同样的工作内容和工作环境失去兴趣，感到厌倦。随之而来的是，缺乏工作激情、没有成就感、喜欢抱怨、情绪低落等消极表现。

如何克服这种厌倦情绪呢？答案是，像费希尔一样让工作变得有趣起来。

一位从事了 20 多年校对工作的老编辑，就是用这种方法克服了厌倦情绪。他说："不可否认，校对工作十分单调，必须有耐心才能胜任。起初我感到百无聊赖，根本提不起劲，直到我发现错字时才改变了工作态度。"

原来，他鼓励自己从修改错误中寻找乐趣，文章中的错字越少，越能激起他的兴趣。最后，连一般人最容易疏忽的错别字他也能发现。

在美国有一个叫帕克的鱼铺，那里的员工把工作变成了一件充满快乐和激情的事。

走进这个鱼铺，你会发现鱼在空中飞来飞去，每个人都像孩子一样快乐。顾客可以和员工一同玩耍，员工会主动关心那些看上去不怎么快乐的顾客，鼓励他们自己动手，带他们参与到游戏中。

用玩的方式来工作，不但激发了员工的活力，使单调的工作变得有趣，也使帕克鱼铺卖出了更多的鱼，创造出令人惊异的工作成绩。

其实，工作还是那些工作，真正发生改变的是人们对待工作的心态。从这个意义上来讲，让我们感到疲倦的不是工作，而是我们的心态。

人际关系学大师卡耐基说："改变想法就能改变结果。正确的思想会使任何工作都不再那么讨厌，使自己从工作中获得更多的快乐。"

因此，要想让工作变得有趣，首先要选择自己的态度。

有时候，你是否喜欢自己的工作内容并不重要，重要的是你选择什么样的态度。同样是来上班，我们可以无精打采地度过沉闷的一天，也可以充满激情和活力地度过一天。既然这样，我们为何不选择后者？做到这一点并不难，只需要你改变一下心态。

|情|绪|控|制|术

很多人轻视自己的工作，抱怨自己的工作枯燥、乏味，这导致他们在工作中敷衍塞责，不能全身心投入，却把大部分精力放在如何摆脱现有的工作环境上。这些人之所以不能享受工作的乐趣，是因为他们没有正确看待自己的工作。

学会肯定自己

认识情绪

> 生活中，我们要学会肯定自己、鼓励自己。如果我们不喜欢自己，就会去麻烦别人，同时给自己很大的压力，既伤害了别人，也伤害了自己。

有个年轻人，做了三年销售。

刚入行时，他给自己定了个大目标。为了实现这个目标，三年里他东奔西跑，历尽坎坷和挫折。期间，他也学到了各种销售技巧，销售能力与日俱增。因为业绩突出，他获得公司的表彰，还赢得丰厚的奖金。

眼看前途一片光明，他却渐渐对销售工作产生厌倦，对自己的前途感到迷惘。他觉得自己的工作没有一点乐趣，每天都是在重复同样的事情。这种情绪越来越强烈，他前所未有地感到力不从心，内心疲惫到了极点。

他想辞职，但又放不下自己的工作。坚持了这么久，他也舍不得放弃。于是，他陷入深深的矛盾中，虽然还是坚持每天上班，但工作状态大不如前。有时候，甚至会因为自己的消极情绪而把本已到手的订单弄丢。

这个年轻人的情况非常普遍。我们之所以会对某件事产生厌倦，多半是因为我们在这件事上投入了大量的精力，对结果期望太高，结果却令人不满意。这让我们感到很沮丧，认为之前的努力都白费了。当我们的付出得不到预期的回报时，就会出现厌倦情绪。

这种现象可以用资源守恒理论来解释：每个人拥有的资源是恒定的，比如你拥有的技术资源、情感资源、社会资源等。工作中，我们需要付出相应的资源，当你的资源减少却又得不到及时的补充时，你会感到职业枯竭，从而出现厌倦情绪。

从理论上讲，这种厌倦情绪是在保护我们自己。它提醒我们，当前的工作已经耗尽了我们的资源，我们要离这项工作远一点。换句话说，你也许到了一个职业的更年期，是时候做出改变了。

在这种情况下，原来支持你的那些东西不再有效，你需要重新制定自己的职业目标。

这是不是意味着，我们必须做出跳槽的决定？答案并不绝对。事实上，如果你学会肯定自己的成绩，就能克服这种厌倦情绪。

根据马斯洛的需求层次理论，人类的需要由低到高，可分为生理需求、安全需求、社会需求、尊重需求、自我实现需求五个层次。显然，尊重需求处于一个比较高的层次，一旦这个需求满足不了，人们前进的动力就会消失。

事实上，每个人都是追求上进的，都需要获得相应的物质回报，并满足自己的心理需求。如果不管怎么干，都在原地踏步，或者得不到别人的认可，人们的积极性、创造性和工作热情会受到极大的挫伤，随之而来的是内心的失败感、挫折感、厌倦感。

长期处在这种环境下，信心和信念必然产生动摇。所以，我们要学会通过肯定自己来调整自己的情绪。每次取得一点小的成绩和收获，我们都要自我鼓励一下，以便让自己有足够的激情去开展下一步的工作，而不致产生厌倦。

|情|绪|控|制|术|

有很多事情需要我们付出长期努力才能做成，如果中途因为厌倦而放弃，是不可能成功的。所以，我们要学会欣赏自己、肯定自己，适时进行自我安慰，及时给自己充电，使自己得以喘息并恢复元气。

减压，不妨做个加法

认识情绪

> 面对压力，如果只是一味地减压，却没有其他替代品，很容易产生心理上的空虚感。此时，用加法反而能解决问题。

杰奎琳·塞缪尔硕士刚毕业，就在纽约开了一家名为"温暖之家"的特色小店。这家店专门为客人提供搂抱、身体依偎服务，顾客只要换上宽松的衣服，就可以和她在小房间里拥抱小睡，每小时收费 60 美元。

这个想法源自她上大学时的认知。杰奎琳毕业于罗切斯特大学认知科学专业，在校期间，她了解到，和别人的身体接触有助于身心健康，几分钟的拥抱就可以大大缓解人们的压力。因此，她决定亲自实践这一理论。

现代人的生活和工作压力很大，各种减压方法应运而生。事实上，只要你愿意，你可以找到上百种减压方法。当然，像杰奎琳这样的减压方法并不多见。

一般来讲，人在压力大的时候，会通过各种方法来给自己减压。例如，有的人会选择少做几件事，或者压缩工作量来减压。但很多人减压后，心里并不舒服，压力也没消失。

减法为什么会失效？因为在减掉生活或工作中那些多余的事情时，每个人都有不同的选择，但不论减掉什么，都会有顾虑。

比如，减少工作量、压缩工作时间，你会担心老板的态度，怕丢掉饭碗；减少花在家人身上的时间，你同样会感到不安，怕影响亲情。这样的减压方法，不但无助于减压，反而会在无形中增加你的心理压力。

生活中，每一件事情都不是孤立的，一件事情背后联结着另一件事情。假如你是公司最优秀的员工，同事们对你望尘莫及，老板也对你另眼相看。此时，你会感觉活得很累，压力很大，生怕某件事做不好影响了自己在别人心中的形象。

很快，你的工作效率降低，业绩也开始下滑，与之前判若两人。老板觉得很奇怪，不知道你出了什么状况。同事们不再仰视你，老板也不再重视你，你的心理负担越来越重。

一些明星退出娱乐圈后又复出就是这个原因：他们不在那个圈子里，生活就变了，之前的满足感、优越感突然就消失了。因为不习惯，所以只好再次回到原来的圈子里。

面对压力，如果只是一味地减压，却忽略了你准备减掉的那些东西，其实给你带来了很多你看不见的好处，而此时你又没有其他替代品，那么很容易产生心理上的空虚感。

此时，用加法反而能解决问题。因为加法正好弥补了这个空虚，在舍弃一件事情的同时用另一件事情来弥补，从其他途径满足内心的需求，甚至获得更大的成就感。

举一个简单的例子，上班时间努力工作，下班后立刻放下手头的工作，到健身房或者户外好好放松一下，与家人或朋友分享一顿丰盛的晚餐，再调整好心态完成剩余的工作。

这样一来，既没有减掉任何事情，反而在愉快的心情中完成了工作。

|情|绪|控|制|术

好习惯用加法，坏习惯用减法。无论哪种减压法，都有其适用范围和局限性。我们必须区别对待，根据实际情况采取适合自己的减压方法。

把工作当成事业来干

认识情绪

> 只有把工作当成自己的事业干，才会珍惜现有的工作，沉下心来，脚踏实地地做事；才能克服浮躁的情绪，不畏困难，不达目的不罢休。

任何工作做久了，都会心生厌倦、感到迷惘。工作本身并没有问题，而是人的心态出了问题。工作中，要适时调整自己的心态，因为工作的突破取决于人自身的突破。

有个年轻人在美国某石油公司工作，内容很简单，连小孩都能胜任，就是巡视并确认石油罐盖有没有自动焊接好。石油罐经输送带移动至旋转台上，焊接剂便自动滴下，沿着盖子回转一周，作业就算结束了。

每天，他都要重复好几百遍这种动作，枯燥至极。他想创业，却没有其他本事。后来他发现罐子旋转一次，焊接剂滴落 39 滴，焊接工作便结束了。他想，在这一连串的工作中，有没有可以改善的地方呢？

有一天，他突然想到：如果将焊接剂减少一两滴，是不是就能节省点成本？

于是，他开始潜心研究。经过一段时间打磨，终于研制出 37 滴型焊接机。但是，利用这种机器焊接出来的石油罐，偶尔会漏油，效果并不理想。

他不灰心，又研制出 38 滴型焊接机。这次的发明非常完美，公司对他的评价很高。不久，新的焊接机投入使用，改写了历史。虽然仅仅节省了一滴焊接剂，每年却给公司创造了 5 亿美元的新利润。

这个年轻人就是后来掌控全美95%市场份额的石油大王——约翰·洛克菲勒。

每个人刚进入一家新公司或者走上一个新岗位时，都会有新鲜感。当工作驾轻就熟，这种新鲜感逐渐消失后，人们的工作激情就会消退。

此时，所有的工作都变得平淡无奇，过去充满创意的想法消失了，每天的工作变成了应付了事。之前认真负责的你，开始感到厌倦，甚至偶尔有一种不想工作的冲动。

这是一种常见的职场休克现象，几乎人人都会碰到。只不过有的人调整得好，能缩短休克的时间。有的人则没有察觉，或者没有意识到问题的严重性，于是在顺其自然的自我安慰中，让问题变得越来越严重。

跳槽是解决不了这种问题的。对此，著名心理学家查理·琼斯说：

"如果你对于自己现在的处境都无法感到高兴的话，那么可以肯定，就算换个环境你也照样不会快乐。换句话说，如果你现在对于自己所拥有的事物、自己所从事的工作，或是自己的定位都无法感到高兴的话，那么就算你获得了你想要的事物，你还是一样不快乐。"

怎么摆脱职场休克现象呢？一种有效的解决办法是在工作和生活中扮演积极的角色，通过不断给自己树立新的目标，挖掘新鲜感。

这么做有个前提，就是不要只是把工作当成谋生的手段，而要把自己的事业、成功和目前的工作联系起来。没有这个前提，你就没有挑战更高目标的动力，就会在日复一日、年复一年的重复性工作中慢慢倦怠，失去激情。

|情|绪|控|制|术

把工作当成自己的事业来干，成功就会如影随形。相反，如果只把工作当成一件差事，或者目光只是停留在工作上，那么即使是做你最喜欢的工作，依旧无法对工作保持长久的激情。

换个角度看问题

认识情绪

> 任何事情都有正反两面，衡量它们的好坏并没有统一的标尺。一件事从不同的角度去看，会看到不同的风景，从而产生不同的感受。

英国有人做过一项实验：让一位测试者挑选重量介于 50—850 克的黑色小盒子，并把整个过程录下来，然后让另外 12 名志愿者看录像，同时也挑选盒子。结果发现，这 12 个志愿者拿起的盒子，比第一位测试者拿起的都要轻，平均轻了 61 克。

分析认为，之所以出现这一结果，是因为大多数人都先入为主地做出"别人拿起来的东西看起来很轻"的判断。

这种心理现象在职场上表现得尤为突出。比如，当我们看到自由职业者不用坐办公室还拿着不菲的收入时，会羡慕他们的生活状态。殊不知，不用坐班的同时，也意味着你没有享受下班一身轻的权利。

很多自由职业者其实过得并不轻松。尤其是网店店主，虽然不用朝九晚五上班，每天却忙得昏天黑地，甚至有人忙到过劳死。

当你羡慕别人的工作时，必然会对自己的工作感到厌倦。而你想不到的是，那个你羡慕的人，可能也在羡慕你的工作。

比如，很多人羡慕公务员，认为那是一个铁饭碗，工作压力小，社会地位高，无论什么时候都饿不死、累不着。可真正的公务员却另有一番感受：做的是琐事，操的是杂心，工作内容程式化，工作环境压抑，缺少活力，说话办事都要小心谨慎。

羡慕教师的人认为，做教师有寒暑假，可以跟学生打交道，是一个美好的职业。但很多大学老师却抱怨：不但要讲课，还要搞科研，完不成科研量，年终考核就不及格，30%的津贴就没有了。如果课讲不好，学生打分低，就惨了。寒暑假？还是用来搞科研吧！

当我们习惯从某一角度看问题时，就会形成一种固定的思维模式。日常生活中，大多数事情都是一成不变的，我们每天接触它，每天用同样的思维模式看同样的东西，时间久了，就会失去兴趣，厌倦情绪也就在所难免。

一般来讲，我们总是倾向于认为别人的老婆更温柔、更体贴，别人的工作更轻松、更体面。一旦有了这样的心态，我们就会对目前的工作感到厌倦。

这个时候，如果我们能够换一种思维模式，用全新的角度来审视自己熟悉的事物，重新发掘它们的优点，我们就会克服厌倦情绪，重新燃起对它们的热情。

事物在一个人心中的好坏，不在于事物本身，而在于人的心态。以我观物，物皆着我之色彩；以物观我，我皆着物之色彩。所以，当我们出现厌倦情绪时，不妨换个角度看问题。

|情|绪|控|制|术

换一种思维模式，用全新的角度来审视自己熟悉的事物，重新发掘它们的优点，我们就会克服厌倦情绪，重新燃起对它们的热情。

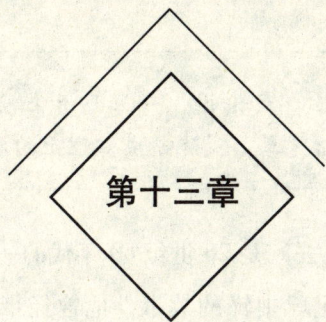

摆脱孤独情绪

第十三章

摆脱孤独情绪

孤独感是一种主观上的社交孤立状态，伴有个人不被接纳的痛苦体验。

一旦产生了孤独感，首先要找原因，要积极去解决。解决不了，可以找朋友倾诉；不方便倾诉的，可以通过网络或其他方式向人诉说。

与外界保持正常沟通

认识情绪

> 人具有社会属性。无论谁，一旦离开社会生活，与外界无法沟通，就会被孤独情绪笼罩，最终造成心理上的阴影。

《中锋在黎明前死去》是 20 世纪 60 年代的一部阿根廷电影。

影片讲述了一个足球中锋的故事，他曾经带领球队多次夺冠。后来，俱乐部的老板为了还债，将他卖给了大资本家普鲁斯。

普鲁斯是一个怪异的收藏家，他不仅喜欢收藏珍宝，更喜欢收藏一切有才华的人。在购买该中锋之前，他已经收藏了一位原子物理学家、一位专演哈姆雷特的名演员、一位芭蕾舞演员、一个力大无比的巨人。普鲁斯把他们养在一个豪华的宫殿里，自由不再属于这些人，他们只是普鲁斯的收藏品。

不许自己踢足球，不许见自己的姑妈，失去自由身……这一切对中锋来说，是一种难以忍受的独孤。所以，尽管他和芭蕾舞演员有了感情，仍然想尽一切办法逃离这个地方。

一个人独处也许并不感到孤独，身处熙熙攘攘的人群中，也未必就没有孤独感。真正的孤独，往往发生在那些与外界没有任何思想和情感交流的人身上。

人具有社会属性。无论谁，一旦离开社会生活，与外界无法沟通，就会被孤独情绪笼罩，最终造成心理上的阴影。

感觉剥夺是一个著名的心理学实验。研究人员通过控制或剔除对人的感觉刺激，将人和外界环境刺激高度隔绝。

实验中，志愿者处在完全安静孤独的空间里，并被要求躺在床上，只有吃饭或上厕所时才能起来。此外，志愿者还被要求戴着一副半透明的护目镜和一双厚厚的棉手套，耳朵里也被塞上棉花。这样一来，志愿者几乎什么也看不到，什么也听不到，手也没有感觉。

总之，与外界几乎没有任何交流。

结果，几乎没有人能够忍受三天以上。实验结束后，这些志愿者即便做一些简单的事情也会频频出错，并且出现精神难以集中、情绪容易激动、对刺激过敏、紧张焦虑、反应迟钝等症状，一般需要三天的时间才能恢复到正常的生活状态。

这个实验证明，人的正常生活需要与外界接触，需要接受各种刺激，由此形成各种感觉。最起码，我们应该保持与外界的正常交流。

然而，现实生活中，很多人却总是把自己封闭起来，不愿和外界接触，结果给自己的身心造成了不良影响，有的人甚至因此患上社交恐惧症、焦虑症等。

孤独并非不可以享受，当我们厌倦了外面的喧嚣时，可以暂时与世隔绝。但这种事情只能偶尔为之，不能长时间陷入其中，否则就会给自己带来伤害。因为孤独是一种逃避，一旦陷入其中，心灵会处于极度脆弱的状态，很容易被各种负面情绪侵扰。

每个人在一生中或多或少都会感受到孤独。有孤独感并不可怕，只要我们能够调整好自己的心态，正确面对它，孤独就会像过眼云烟一样很快消失。

|情|绪|控|制|术

要想走出孤独，首先不能自闭，不能做孤独的俘虏。其次，要多与外界交流，交流的形式可根据个人的喜好来定，比如读书、上网聊天，或者跟亲近的朋友一起出去旅游，等等。

既不自卑，也不自傲

认识情绪

> 自卑的人总是担心自己的某些缺点被人看不起，于是在内心深处筑起一道围墙，通过与别人减少交流来保护自己。时间久了，就形成了孤独感。

造成孤独的原因有很多，自卑是其中之一。

自卑的人总是担心自己的某些缺点被人看不起，于是在内心深处筑起一道围墙，通过与别人"断交"或尽可能减少交流来保护自己。时间久了，就形成了孤独感。

从某种意义上讲，自卑和孤独是一对孪生姐妹，只要有自卑，就摆脱不了孤独感。

自傲也会产生孤独感，它和自卑一样，都是因为过度关注自己、不善于与他人交流引起的。自卑和自傲既是不愿与他人交流的原因，也是不愿与他人交流的结果。如此循环，与他人的交流就会越来越少，孤独情绪则会越来越强烈。

有个台湾大学经济系的高才生，刚踏入社会几个月，就换了六份工作。

谈起原因，她无奈地表示，找工作不难，难的是怎样在一家公司坚持下去。"总是觉得好孤独，不管在大公司、外企，还是小公司、迷你工作室，因为无法跟同事融洽相处，时间一长，就感觉自己像个误闯入地球的孤独外星人。"

当你认为，孤单是因为别人不了解你时，就会向外界寻求解决办法，比如加强与同事的互动、融入单位的大环境中等。但这很可能是一个错误的选择，因为很多时候，你无法与周围的同事打成一片，无法融入他们的圈子，原因在于你的心态出了问题。

比如，你因为自卑而害怕被拒绝，总是选择以冷淡或自我保护的态度对待别人。在这种情况下，要让别人接纳你很难，而日益增加的不安全感，进一步让你感到孤独。

如果不能正视自卑或自傲是让你感到孤独的真正原因，那么无论换到什么环境，你都无法摆脱孤独的现状。

德国灵性导师埃克哈特·托利认为，无数相互矛盾的念头，以及围绕这些念头的种种努力组成了"自我"。当你说"我如何如何"的时候，通常说的就是这个"自我"。我们很容易执着于"自我"，这时"自我"会成为一堵无形的墙，阻碍我们内心深处的"真我"与外部世界建立直接的联系。

因此，尽管我们每个人都渴望摆脱孤独，受到别人的欢迎，但真正要做到这一点并不容易。因为我们总是在"自我"之墙围成的院落内过着自以为是的生活。

只有打破这堵围墙，既不自卑，也不自傲，才有机会摆脱孤独。一个能够积极与他人交流的人，是不太可能自卑，也不太可能自傲的。他会把自己视为群体中的一员，这样的人怎么会在人群中感到孤独呢？

情绪控制术

因为我们都活在自己的围墙内，所以孤独无处不在。只有打破这堵围墙，既不自卑，也不自傲，才有机会摆脱孤独。

敞开你的心扉

认识情绪

> 要摆脱孤独，首先要敞开心扉，用坦诚来赢得友谊。当你向别人敞开心扉时，别人才会让你进入他的内心世界。

蚂蚁是合作性动物，具有分享精神。

某只蚂蚁一旦发现食物，就会将食物搬回家，而不是偷偷找个地方将食物吃掉。如果发现搬不动的食物，就会通知其他蚂蚁。如果是搬不走的美食，比如洒在桌子上的可乐或者洒在地上的奶汁等，蚂蚁也不会独吞，而是把伙伴们叫来一起分享。

人之所以孤独，很多时候是因为缺少这种信任与分享精神。一个孤独感强的人，常常不愿意信任别人，他们无法与别人进行内心的交流。

当人们不再彼此信任，而是戴上虚伪的面具时，他们的社交技巧越来越娴熟，信任和知心朋友却越来越少。因为当人们彼此之间缺乏信任时，就不敢敞开心扉，从而失去与人亲密交往的机会。

在一份"你在孤独时，最需要什么"的调查中，有52.4%的被调查者回答："一个可以掏心窝子的谈话对象。"可见，人们对深度沟通的迫切需求。

要摆脱孤独，首先要敞开心扉，用坦诚来赢得友谊。当你向别人敞开心扉时，别人才会让你进入他的内心世界。

敞开心扉有两层含义：一是积极主动去接近别人；二是通过改变自我，使别人愿意接近自己。

积极主动接近别人的办法，是以真诚的心态关心、帮助别人。当你看到周围的人有困难时，能够主动伸出手去帮一把，而不是以事不关己的态度漠然视之。这样做，很可能为自己赢得一位朋友，也帮助自己摆脱了孤独。

除了敞开心扉，在与别人交往时，还要注意自己的态度。

有人喜欢打听别人的私事，当对方出于信任——告知，并反过来问你一些类似的问题时，如果你避而不谈，就会违反人际交往中互相敞开心扉的对等原则，对方会因此感到信任不平等，以后就不太愿意跟你交往了。

要避免这种情况，要么你敞开自己的心扉，要么不去打探别人的隐私。

此外，要注意，没有人喜欢居高临下、清高孤傲的人，哪怕你是去帮助别人。如果你是真诚地想要帮助对方，姿态要低一点，不要表现出一副救世主的样子。否则，你的行为会伤害到对方的自尊心，不但得不到对方的感谢，还会引起对方厌恶。

无论谁，要想有朋友，就不能光想着自己。那些总把"我"放在嘴边的人，是最招人反感的。

具体来讲，与别人交往，要学会尊重别人，不要随便打断别人的话，或者说一些刺激别人的话，让对方下不来台。更不要试图与人争辩，处处显得自己正确。否则，你不但交不到朋友，还会在人际交往中撞得头破血流。

情绪控制术

一个人能够很好地与人沟通，是不会感到孤独的。如果你感到孤独，那就应该鼓起勇气，敞开自己的心扉，与家人、朋友或同事分享，充分信任别人，这样你会发现，孤独在不经意间消失殆尽。

主动与人交往

认识情绪

> 孤独者缺乏必要的社交技能，他们常常采取消极的交往方式，因此很难与他人建立密切的关系。只有加强社交技能的训练，才能走出孤独的恶性循环。

不善于社交的人，给人感觉是不怎么爱说话，见人也不爱搭理。其实，他们并不是不想搭理别人，而是根本就不知道该和别人聊些什么，索性就不搭理了。

有的人很愿意与人交往，但由于缺乏社交技巧，一旦进行重要且长时间的会谈，就会遇到困难。比如，他们对自己的伙伴不感兴趣，不能就对方讲述的事情进行评论，也很少向对方提供反馈信息。相反，他们总是谈论自己，常常把话题引向对方不感兴趣的方向。

由于缺乏社交技巧，当人们期望他们多暴露时，他们暴露得很少；而当人们不期望他们过多暴露时，他们又暴露得太多。结果，在别人眼中，他们的行为很奇怪。别人也据此做出了相应的反应。

与其他人相比，一个不懂得社交技巧的人更可能产生孤独感。这是因为，孤独虽然是一种主观的个人体验，但它的产生和发展与个体所处的社会环境有着密切关系。当人处在孤单、陌生、封闭或不期而遇的状态时，极易诱发内心的孤独感。

例如，当你受到周围人的漠视和孤立，与他人的关系不合或破裂时，很容易感到寂寞和孤独。

心理学家认为，社交孤立和社会关系的缺失导致人际互动不足，以致引发孤独。研究也证实，那些社交活动少、社会关系松散的个体更容易产生孤独感，心理健康水平低，而且容易患各种身心疾病。

孤独者缺乏必要的社交技能，与人交往让他们感到不自在，他们常常采取消极的交往方式，因此很难与他人建立密切的关系。从这个角度讲，只有加强社交技能的训练，才能使孤独者走出孤独的恶性循环。

不同国家、不同地区，在社交技巧上存在差别，无法一一列举。但总的来说，我们需要掌握以下六个基本要素。

（1）掌握多种娱乐技能，比如打麻将、踢球、跳舞、游泳、钓鱼、烹饪等。一个看上去多才多艺的人，无论在什么场合，都更容易被大家喜欢。

（2）关心周围的人和事，特别要关心你想结交的人，以及他们感兴趣的问题。

（3）做一个善于倾听的人。有办法让别人多谈话的人，总是那些对待他人最有办法的人。

（4）将注意力集中在眼前的事情上，不要想着自己，这是克服羞怯的良策。别人问什么，要马上回答，但不可滔滔不绝地说下去。

（5）最好不要谈论自己，或者硬把话题往自己感兴趣的事情上转移。要发掘别人感兴趣的东西，多谈对方得意的事情。

（6）多储备一些好故事和笑话，但不要强行说出来。要鼓励别人讲他们的故事、笑话，并报之以微笑。学会笑，是社交的最高艺术。

|情|绪|控|制|术

社交技巧娴熟的人，遇到人际关系难题时，会通过发展新的社交关系来改变现状；缺乏社交技巧的人，则可能在承受孤独的过程中陷入被动。

朋友之间要经常联系

认识情绪

> 关系就像一把刀，经常磨才不会生锈。因此，有空的时候，多给远在异地的朋友打打电话，询问一下对方的近况，顺便介绍一下自己的情况。

你最近一次与朋友吃饭是什么时候？你最近有没有给朋友打过电话？你是否在周末或者假日到朋友家里坐坐？

按照著名推销员乔·吉拉德的经验，如果你不主动跟客户联系，你的客户就会以每年 10% 的速度流失。显然，这一经验也适用于朋友之间的关系。

许多人只有在感到孤独时才会想起给朋友打电话，没事的时候，他们压根就想不起来问候朋友一声。这种做法显然是不合适的。任何关系都需要维护，就连夫妻之间的感情都要细心呵护，更何况朋友之间的友谊。

有的人并非故意这么做，他们只是想当然地认为没事给朋友打电话是一种不礼貌的行为，很可能会打扰对方的生活，所以没有重要的事，他们轻易不给朋友打电话。

这其实是一种不懂人情世故的表现。确切地说，持这种观点的人，通常不擅长人际交往，不懂得如何保持良好的人际关系。事实上，要想保持良好的人际关系，就必须跟现有的朋友经常联系。

关系就像一把刀，经常磨才不会生锈。因此，有空的时候，多给远在异地的朋友打打电话，询问一下对方的近况，顺便介绍一下自己的情况。相互交流是很有必要的，它可以让你时刻感觉到与外界的联系，从而避免孤独情绪的出现。

怎样才能既不打扰对方，又能保持与朋友之间的良好关系呢？办法之一是记住那些对朋友至关重要的日子，比如节假日、生日等。在这些特别的日子里，给他们打打电话，或者寄张贺卡，他们会感到很高兴，因为这意味着，你心中有他们。

当你这样做的时候，反过来，他们心中也会有你，也会做出同样的举动。

除此之外，还应该做到以下三点。

首先，不要轻易拒绝朋友的邀请。

不愿接受朋友的邀请，原因可能各种各样，但结果只有一个，那就是你和朋友之间的关系会越来越冷漠。所以，无论什么原因，都尽量不要拒绝朋友的邀请。

其次，不要害怕去见朋友的朋友。

哪怕你只是想向老朋友倾诉内心的孤独，也不要害怕去见朋友带来的朋友。人的交际圈子总是在不断扩大的，朋友也总是在变化。第一次见面是新朋友，第二次见面也许就成了无话不谈的交心朋友。

认识的人越多，接触到的想法就越多，也越容易摆脱孤独情绪。很多时候，我们的至交好友或终身伴侣就是通过朋友介绍认识的。可见，多接触朋友有很大的好处。

最后，不要总当聚会逃兵。

聚会对内向的人来说常常是一种煎熬，但如果你能勇敢地参与其中，享受乐趣，孤独情绪就会随之消失。

|情|绪|控|制|术

一份简单、历久弥坚的关系，对你摆脱孤独情绪非常有益。因此，平时要注意和周围的人培养、联络感情。只有平时经常联络，朋友之间才不会疏远，当你孤独的时候，朋友才会心甘情愿地陪着你、帮助你。

勇敢面对现实

认识情绪

> 不敢面对现实的人，倾向于把糟糕的外界环境理解为威胁而非挑战，所以他们以被动的方式来应对环境变化，甚至故意逃避现实，而不是主动适应并力图解决问题。这样做，只会恶化而非改善他们的孤独情绪。

有一位女士，丈夫因病去世，她因此痛不欲生，陷入极度的痛苦和孤独中。"我还能做什么呢？"在丈夫离开她不久后的一个晚上，她向朋友哭诉，"我还能住在哪里？我将如何度过一个人孤独的日子？"

朋友劝慰她："你的孤独是因为身处不幸中。痛失伴侣虽然令人悲伤，但时间久了，这些孤独和伤痛会慢慢淡去。你应该尽快忘记过去，开始自己新的幸福生活。"

"不！"这位女士绝望地喊道，"我已经老了，孩子们也已长大成人，有了自己的事业和家庭。我一个人还有什么幸福的日子可言呢？"

由于长期的孤独和悲痛，这位女士患上了严重的自怜症。几年过去了，她的心情一直没有好转。后来，她认为孩子们应当为她的幸福负责，便搬到一个结了婚的女儿家里住，但事情并没有得到改善。

因为她的性情孤僻，她和女儿都备受煎熬，最后恶化到母女反目成仇的地步。她又搬到儿子那里住，结果还是一样。无奈之下，孩子们只好为她买了一栋房子让她独住，然而这更加重了她的孤独感。

每个人都会遭遇不幸，尤其是身边的亲人发生不幸，更容易让人性情大变。然而，无论如何，日子总要过下去。如果因为已经发生的不幸就自怨自艾、不能自拔，甚至把自己封闭起来，那就是在逃避现实。

因为受到打击而把自己封闭起来，不愿面对现实，是一种人造的孤独。摆脱这种孤独的关键，是忘记过去，正视现实，充满热情地去面对新的生活。

心理学家认为，这种因逃避现实而自我封闭的孤独，是一种适应性孤独。这种孤独的起因是环境因素：人们可能由于某些突发事件而变得孤独，如天灾人祸、丧亲失偶等，都会使人变得抑郁，变得孤独。

适应性孤独会导致当事人回避社会、逃避现实，让自己的生活处于失控状态。这是一种很可怕的状态。要摆脱这种状态，我们需要勇敢地面对现实，像北宋大文豪苏东坡那样，在被流放的孤独和郁闷中，通过写作来释放内心的孤独，寻求心理上的满足。

在电影《荒岛余生》中，一个名叫查克的联邦快递公司员工在南太平洋小岛上空遇难坠机，过上了与世隔绝的生活。但他并没有自暴自弃，而是将一个排球视为朋友，还给它取名为"威尔逊"，借以排遣孤独。

坦然的心态让查克能够面对现实，最终熬过漫长的荒岛生活，获得了外部的救援。

由此可见，要摆脱适应性孤独，关键在于调节自我情绪。我们要认识到，很多时候，内心的孤独是因为把生活的希望和幸福寄托在他人身上，所以在不自觉、消极、无奈中承受着孤独。只有积极面对现实，才能从孤独的情绪中走出来。

|情|绪|控|制|术

因为受到打击而把自己封闭起来，不愿面对现实，是一种人造的孤独。摆脱这种孤独的关键，是忘记过去，正视现实，充满热情地去面对新的生活。

被别人需要是一种幸福

认识情绪

> 如果我们发现，哪怕自己消失了，也不会对任何人产生影响，更无人在意，那么孤独的情绪会立即笼罩全身。

有一个小孤岛，离大陆和大岛都很远。由于渔业凋敝，年轻的渔民们无不外出打工，岛上留下的都是老人和孩子。因为交通不方便，大家也都不富裕，所以这个岛上的人们一旦病了，基本上就是硬撑着。

后来，有个医学院毕业的大学生经常来这里为人们看病。每次他来到小岛，岛上的居民就像过节一样，大家都把家里最好的东西拿给他吃，把他当亲人一样看待。后来，这位大学生就留在了这个小岛上。

有一次，这位医生的同学来看望他。同学很喜欢小岛蔚蓝的天空和新鲜的空气，然而小岛的孤独和寂寞却让他忍受不了。没住几天，就逃走了。

为什么这位医生在岛上没感到孤独和寂寞呢？答案是他在这里有被需要的感觉！

有记者曾问这位医生："你是怎样在这里度过寂寞、孤独的每一天的？"

这位医生答非所问地感慨："生命的有效抢救时间只有5分钟，而这里有病的人送进医院，即便是风平浪静的时候，坐船也需要一个小时。我曾拿着厚厚的简历跑遍大小城市，结果被告知这儿那儿都不需要人。"

虽然这位医生没有正面回答，但他的意思很明确，那就是在这里他有被需要的感觉。所以，在别人看来这里是孤独和寂寞的，但他并没有这种感觉。

被别人需要，说明你还能为别人做点什么，你的存在能给别人带来开心或者帮助。如果你不被需要了，那你就会被人遗忘，就会感到孤独。

一个人在被别人需要时，通常不会有孤独感。所以我们看到，很多退休的老人宁肯不拿报酬，也要出来找点事做。

被人需要之所以能让我们摆脱孤独感，是因为它让我们找到了存在感和价值感。一旦我们不被任何人需要，哪怕天天住别墅、开宝马，也会感觉自己像一具行尸走肉，完全没有归属感，没有存在的意义。

事实上，如果我们发现，哪怕自己消失了，也不会对任何人产生影响，更无人在意，那么孤独的情绪会立即笼罩全身。

|情|绪|控|制|术

当你无法和周围的人进行正常的交流，无法融入他们的群体中时，你就会不由自主地感到孤独，感到被冷落。要打破这种局面，只有先忘掉自己，多想一想你能为别人做点什么。当你用火去温暖别人的时候，自己也会得到火的温暖。

第十四章

缓解紧张情绪

要缓解紧张情绪，需要有高标准、低要求的心态。简单来说，就是尽最大努力把事情做好，但不必强求结果，不要用完美来苛责自己。

不要把事情看得太严重

认识情绪

> 把事情想得太严重的人，总是不自觉地想后果，所以患得患失，让事情变得更严重。事实上，当你纠结于后果时，你的精力会被分散，从而无法专心把当下的事情做好，最后真的把事情搞砸。

人们很容易把一件事情想复杂，并推断其后果也会很严重。但事情通常没有你想的那么严重，很多时候，我们只是自己吓自己。结果，搞得自己很紧张，甚至情绪失控。

在电影《天下无贼》中，一位名叫傻根的打工者怀揣着几万元现金坐火车回老家。因为不相信天底下有那么多的贼，所以虽然怀揣"巨款"，但傻根并不感到紧张。

这只是电影的戏剧化表现手法，现实生活中可没有傻根这种天真的人。

据媒体报道，有一位从外地坐火车回老家的乘客，也是怀里揣着打工挣来的六万多元工资，因为怕被盗窃，两天两夜都没敢合一下眼。结果，在精神高度紧张下产生了幻觉，竟然在中转车站的检票大厅把钱撒了一地。撒完钱后还没完，幻觉还让他差点从楼上坠下。

如果说傻根不紧张，是因为他不相信天底下有那么多的贼，所以没把丢钱这件事情太放在心上，那么上面这位乘客则是因为把事情想得太严重，最终产生了幻觉。

有人可能会嘲笑这位乘客心理承受能力太差，但在生活中，我们很多人都是这个样子，只不过表现在不同的事情上，程度不尽相同罢了。

比如，当我们当众演讲时，是不是会紧张得声音发抖、浑身出汗？当领导给我们安排一份时间紧、压力大的工作时，我们是不是会紧张得寝不安席、食不甘味？

缓解这种因压力而导致的紧张情绪，关键是不要把事情看得太严重。紧张的时候，不妨问自己："最坏的情况是什么？""它会产生哪些令人恐惧的后果？"

问过这两个问题，你可能会发现事情并没有想象中那么严重，这样就能平静下来。

把事情想得太严重的人，总是不自觉地想后果，所以患得患失，让事情变得更严重。事实上，当你纠结于后果时，你的精力会被分散，从而无法专心把当下的事情做好，最后真的把事情搞砸。

我们之所以把事情想得太严重，很多时候是因为我们太在乎别人的看法，并认为他们的很多评论都是关于自己的。其实，人们只关心自己遇到的问题，他们讨论的通常也是自己生活中遇到的问题，并不会对你有过多的想法。

所以，不要太在意别人怎么看你，这有助于缓解我们的紧张情绪。

|情|绪|控|制|术

很多人因为压力而产生紧张情绪，缓解这种情绪的办法是不要把事情看得太严重。事实上，很多事情，除了你自己，又有谁在乎呢？

细化你的工作计划

认识情绪

很多时候，我们之所以紧张，是因为没有计划。如果我们能够提前制订周密的计划，遇到问题就不会手忙脚乱。

很多时候，你觉得紧张是因为你没有做好准备。事前做好足够的准备，不仅可以帮助你消除紧张情绪，最重要的是可以帮助你搞定让你紧张的事情。

有一家外企想组织员工到同行企业访问，具体计划交给了一位新来的秘书。

两家企业相隔不远，秘书认为此次访问很简单，就简要写了一个访问计划。没想到，计划提交给领导后，领导提出了很多问题。经过反复修改，才勉强过关。

这次访问为期两天，其中一天为往返路程，一天为访问时间。整个计划中的每一项内容都要事先通过电话或电子邮件多次与对方确认，内容包括往返路程所需时间、工厂内参观路线、住宿的宾馆、携带的礼品等，连进入厂区要安装汽车尾气阻火器也考虑到了。

由于计划做得很细，访问十分顺利和成功，达到了预期的效果。

在工作中把事情做细，这是很多人欠缺的。丰田公司一位高管谈道：中国员工和西方员工的区别之一，就是在接到一项任务时，西方人喜欢先详细做计划，然后再去行动；而中国人则喜欢立即行动，然后在行动中解决遇到的问题。这种做事风格的差异导致西方人做事轻松悠闲，中国人做事紧张忙碌。

这种观点当然有失偏颇，但有一点毋庸置疑：制订计划很重要。

有计划的生活再紧张，也井然有序；有计划的工作再繁忙，也充实而高效；有计划的人生即使艰辛，也能处之泰然。相反，没有计划的人生杂乱无章，看似忙碌却无所作为。

很多时候，我们之所以紧张、手忙脚乱，是因为没有提前做好周密的计划。比如，在考虑如何完成年度任务目标时，你之所以感到紧张，是因为你只站在宏观的角度去考虑，想一下子完成这个目标太难，压力自然就产生了。

相反，如果我们将宏观的事情微观化，不再停留于整个年度目标，而是把这个年度目标继续分解成季度、月度目标，直至分解到每一周、每一天，制订出一个详细的微观计划来，紧张情绪就会减少，因为你已经找到了通向目标的桥梁。

有了详细的计划，意味着你已经做好准备，这会减少你的紧张情绪。比如演讲时，如果你计划好演讲的大纲和内容，就不会紧张慌乱；参加重要会议时，如果你已经把自己的想法归纳清楚，讨论中就不会语无伦次、言不达意。

需要指出的是，再周密的计划也不能完全消除我们的紧张情绪。而一旦计划不符合实际，我们在受挫时反而会更加紧张。对此，我们要具体情况具体分析。

对于面试这种马上会影响到结果的事情，我们要马上调整自己的心态，不要把事情想得太严重；而如果是在完成某项工作的过程中出现计划和事实不符的情况，则要学会在制订计划时安排一段真空时间。在这段时间内，不预先安排任何事情。每次到这段时间，就用它来完成先前未做完的计划，或是着手下一步计划。这样既有助于完成计划，又能让自己对计划有支配感，内心就会较为轻松。

|情|绪|控|制|术

生活中，制订计划很重要。有计划的生活再紧张，也井然有序；没有计划的人生杂乱无章，看似忙碌却无所作为。

走出舒适区，主动与人交往

认识情绪

在相互不熟悉的聚会上，有90%的人都在等着别人来跟自己打招呼。此时，如果你能走到别人面前，主动与他们交谈，那么你将会成为那充满自信的10%。

林肯出身于一个农民家庭，曾是一个内心自卑却又渴望成功的人。当上总统后，复杂的政事让他患上了严重的抑郁症。他常常失眠，精神紧张，甚至对生活感到绝望。但后来，他却在没有心理医生帮助的情况下调整了过来。

原来，他喜欢上一件事情——剪报。他每天都会剪下报纸上人们对他的赞誉之词，揣在口袋里。每次重大会议召开之前，心情紧张时，他就掏出一张纸片给自己鼓劲儿，以缓解紧张的情绪。在他遇刺身亡后，人们在他的上衣口袋里发现了那些赞美他的报道纸片。

在人际交往中，胆怯、紧张大都是因为缺乏自信。实际上，并不是自己不行，而是自卑心理在作怪。因此，要战胜自卑感，增强自信心。

性格内向的人，自尊心也比较强，他们往往认为自己不如别人，怕别人看不起自己，怕丢面子。其实，真正看不起你的是你自己，而不是别人。因此，要克服人际交往中的紧张情绪，就必须战胜自卑感，增强自信心。

自信是自我推销的前提，一个没有自信心的人，是不可能成功地推销自己的。

那么，怎样才能提高自信心，从而缓解自己在人际交往中的紧张情绪呢?

首先,要敢于突出自己。

我们知道,无论开大会还是上课时,后面的座位总是首先被人坐满。这其实是缺乏自信心的表现——人们不希望自己太显眼,所以就把自己放在不显眼的位置。

要提高自信心,就要敢于在这类场合坐到前面。因为将自己置于众目睽睽之下,是需要足够的勇气和胆量的。久而久之,这种行为会形成习惯,自卑慢慢被自信取代。

其次,与人交流时,要双眼正视对方。

眼神可以传递出微妙的信息:不敢正视别人,意味着自卑、胆怯、恐惧;躲避别人的眼神,则可能预示着一个人阴暗、不坦荡的心态。

相反,正视对方则是在告诉对方:"我是诚实的、光明正大的。我非常尊重你、喜欢你。"所以,正视对方既是积极心态的表现,也是自信的象征。事实上,越是因为紧张而不敢正视对方,你就越是紧张,这是一种恶性循环。

最后,利用各种机会,练习当众说话的胆量。

当众讲话需要勇气和胆量。有的人能力很强,可一遇到当众讲话,即使是自己最熟悉的事情也磕磕绊绊,紧张得说不出话来。这就是没有自信心的表现。

要改变这一现状,就要练习当众讲话的胆量,不论参加什么会议,都要主动发言。很多原本木讷甚至口吃的人,都是通过练习当众讲话变得自信起来的。例如,英国剧作家萧伯纳、日本政治家田中角荣、古希腊雄辩家德摩斯梯尼等。

在人际交往中,紧张情绪很常见。调查显示,在一个相互不熟悉的聚会上,有90%的人都在等着别人来跟自己打招呼。此时,如果你能走到别人面前,主动与他们交谈,那么你将会成为那充满自信的10%。

|情|绪|控|制|术

当你尝试向陌生人伸手，并主动介绍自己时，你会发现这比被动地站在那里要轻松自在得多。一旦这种做法成为习惯，你就会摆脱人际交往中的紧张情绪，变得洒脱自然起来。

找到属于你的宁静空间

认识情绪

> 每个人心中都有一个宁静空间，进入这个空间，会变得无比放松。紧张时不妨转移注意力，进入属于自己的宁静空间，这样你会在不知不觉中放松下来。

著名男高音歌唱家帕瓦罗蒂一生的演出不计其数。但是，他每次上台时，都无法完全克服紧张的情绪，最终养成了暴饮暴食的习惯。每次上台前，他都要胡吃海喝一顿，方能缓解紧张的情绪，这也是他体型巨大的原因。

后来，医生给帕瓦罗蒂下了最后通牒，提醒他再这样吃下去将会有生命危险，帕瓦罗蒂这才放弃了用暴饮暴食来缓解紧张情绪的方法，转而依赖一枚钉子。

在帕瓦罗蒂的家乡意大利摩德纳，流传着生锈的弯钉子会给人带来好运的说法，所以帕瓦罗蒂不管在世界上哪一座歌剧院演出，开演前总是在后台昏暗的灯光下，弯曲着肥硕的身躯认真地寻找一颗弯头的钉子。如果演出前没能在后台找到一枚弯钉子，那么即便这场演出的报酬再高，他也会毫不犹豫地取消。

每个人的心中都有一个宁静空间，进入这个空间，就会变得无比放松。所以，紧张时不妨转移注意力，进入属于自己的宁静空间，这样你的情绪会在不知不觉中放松下来。

一枚弯钉子就是帕瓦罗蒂的宁静空间。通过寻找钉子，他可以让自己完全放松下来。

据说，被日本人称为"棋圣"的赵治勋也有一个属于自己的宁静空间，那就是在激烈的对弈中撕废纸和折火柴棍。每次比赛结束后，他的座位旁边都堆满了折断的火柴棍和撕成长条的废纸。通过这种方式，他缓解了自己的紧张情绪。

从某种意义上讲，进入自己的宁静空间，就是把注意力从让你紧张的事情上转移到可以让你放松的事情上。这其中的关键，是如何转移注意力。

我们要将注意力转移至外部，而不要对自己的感受太敏感，否则，很难缓解内心的紧张情绪。

比如，患有社交恐惧症的人，在人际交往时会对自己的紧张、心跳、脸红、出汗等反应特别敏感，一到社交场合就拼命控制自己，生怕别人看到自己的窘态，结果把自己原本要谈的内容忘得一干二净。

其实，如果把注意力转移到要跟对方谈论的话题、对方的反应或者周围的环境上面，情况会好得多。

注意力的焦点直接影响到人们的情绪。举个例子，演讲时，如果你的注意力放在台下听众的反应上，你的焦点就会集中在他们的一举一动上，而且会与自己的表现相联系，一旦有不良反应，就会感到不自然，并产生紧张情绪。

事实上，当你总是盯着那些目光挑剔、表情严肃、不苟言笑的人时，你的心情只会越来越紧张。所以，经验丰富的人在演讲时会尽量看那些友好的、比较有亲和力的面孔，或者点头微笑的面孔。

如果是一对一的交流，无法转移自己的目光，我们还可以试着将注意力转移到成功的画面上。也就是只想成功的景象，而不去注意自己的紧张表现。

总是想自己不要脸红，你的脸只会更红；总是想自己不会冒汗，你的额头只会冒出更多的汗水。所以，不要去想这些紧张的表现，而要去想自己表现自如时的情形、感觉。你把自己想象得越成功，你的情绪就会越放松。

|情|绪|控|制|术

无论多么杰出的人，都不能完全摆脱紧张情绪。不同的是，成功者能够找到合适的排遣和放松方式，克服自己的紧张情绪，最终取得完美的胜利。

从放松肌肉开始

认识情绪

> 快节奏的生活让我们的大脑时刻处于紧绷状态，不敢有半点松懈。但过度的紧张不仅于事无补，反而会让人在紧张中做出错误决定。因此，我们要学会放松，并让放松成为一种习惯。

从容不迫是一种境界。越是紧张时越要放松，这不仅是一种勇气，更是一种气质、一种技巧。当你在关键时刻仍能从容不迫时，你就拥有了大将的气度。

乔丹的心理素质极其出色。无论多么紧张的比赛，他在赛前总是表现得很放松。在运动员的休息室里，人们经常看到他头戴耳机，惬意地躺在长椅上听音乐，或者纹丝不动地坐在那里，让起伏的内心归于平静。

比赛期间，乔丹总是显得十分镇定。他知道，只有冷静才能最大限度地观察情况，发挥水平。他也知道，最大的爆发力来自最深沉的冷静。正是这种关键时刻的放松状态，让乔丹成为篮球场上的巨星。

关键时刻学会放松，不光球场上的乔丹需要这种过硬的心理素质，我们大多数人也需要。随着社会竞争越来越激烈，面对优胜劣汰的竞争法则，很多人对不断变化的事物常常感到紧张、不知所措。这是社会文明的产物，也是适应社会必须克服的心理状态。

研究发现，放松并不是从思想或神经开始，而是从放松肌肉开始。

要放松肌肉，先从眼睛开始。把头往后靠，然后默不作声地对你的眼睛说："放松，放松，不要紧张，不要皱眉头。"如此反复念一分钟，你会发现，眼睛的肌肉开始服从你的命令，而紧张的情绪也在不知不觉中被一只无形的手撕碎了。

这看起来不可思议，但事实上，在这一分钟里，你已经掌握了放松情绪的全部关键和秘诀。你可以试着用同样的办法放松你的脸部肌肉、头部、肩膀乃至整个身体。当然，这时你全身最重要的器官，还是你的眼睛。

美国著名心理学家艾德蒙·杰可布森曾说，如果你能完全放松你的眼部肌肉，你就可以忘记所有的烦恼。眼睛之所以如此重要，是因为它消耗了全身1/4的神经消耗能量。为什么很多眼力好的人总是感到眼部紧张，原因就在于他们自己使眼部感到紧张。

当然，要让自己处于放松状态，让放松成为一种习惯，你还需要更多的技巧。

首先，工作时要采取舒服的姿势。错误的坐姿或站姿会让身体变得紧张，而身体的紧张又会导致身体的疼痛和精神上的疲劳。所以，无论站着还是坐着，你都要采取能够让自己感到舒服的姿势。

其次，每日反省，问问自己有没有用一些和工作毫无关系的肌肉，这有助于你养成放松的好习惯，因为疲劳有2/3是习惯性的。

|情|绪|控|制|术

放松不是从思想或神经开始，而是从放松肌肉开始。因此，要想让紧张的情绪放松下来，不妨让自己的身体放松下来。

紧张时不妨深呼吸

认识情绪

> 紧张时，可以深呼吸30秒，这样做可以增加氧气的供应，不但提神，还能给你勇气。

在一次演唱会中，香港歌手蔡卓妍演唱其成名曲《下一站天后》时表现失准，出现了走音和不够气的现象，引发了网民的大肆批评。

之后没几天，蔡卓妍又为某节目献唱。由于之前的失利，虽然有歌迷打气支持，她仍然难掩紧张。为了缓解情绪，她不断整理耳机，并采用深呼吸的方法，前后共深呼吸四次来让自己放松。最终，她的这次演唱顺利过关。

深呼吸真的可以缓解紧张情绪吗？答案是肯定的。紧张时，可以深呼吸30秒，这样做可以增加氧气的供应，不但提神，还能给你勇气。

我们知道，人们可以控制自己的表情、语言和动作，却无法控制自己的内脏。因此，在因紧张而心跳加速时，我们没办法用意识命令心脏跳慢一点。

实际上，这是人类在进化过程中产生的一种人体自我保护功能。毕竟内脏的活动决定了生命的存在，而大脑的判断并不总是正确的。因此，人体不能放心地把内脏活动交给中枢神经（意识）来管理，而必须有另一套单独的、灵敏的、像电脑程序一样准确的神经系统。

这套神经系统就是人体的自主神经系统（植物神经系统）。它能够调节人体的内脏活动和其他生命活动，如呼吸、血液循环等。自主神经系统包括交感神经系统和副交感神经系统两个部分，它基本上不受人的意识控制。

交感神经系统有分解代谢功能，会促进机体的能量消耗，同时释放压力激素（肾上腺素、去甲肾上腺素），使呼吸和心率加快，为身体做好"战或逃"准备，使人进入高度的警觉或准备状态。这种状态持续时间太久，会引起疲劳和内脏系统问题。

副交感神经系统有合成代谢功能，可以帮助细胞重新获得能量，降低心率、呼吸频率和机体的新陈代谢活动水平，恢复体内平衡，让身体放松下来。

当人处在压力，或者其他引起紧张的环境中时，交感神经系统会被激活。这时要缓解紧张，就需要激活副交感神经系统来减少身体的能量消耗。

办法之一就是深呼吸。深呼吸不仅可以通过胸腔扩张和血液循环的方式缓解紧张，还可以通过神经系统达到缓解紧张情绪、放松身心的目的。

然而，深呼吸并非有益无害。医学研究发现，过快的深呼吸会刺激交感神经系统，引发通气过度症。该症状看起来像缺氧，比如气喘吁吁、颤抖、窒息等，但事实完全相反，它不是缺氧造成的，而是缺二氧化碳造成的：当深呼吸过快时，体内的二氧化碳被大量排出，于是破坏了体内的平衡状态。

因此，并非所有的紧张都可以用深呼吸来缓解。美国一项研究表明，当人们遭遇恐慌并产生窒息感时，深呼吸会导致人们出现眩晕、气短、窒息感等症状，原因与过快的深呼吸是一样的。

|情|绪|控|制|术

深呼吸可以激活副交感神经系统，减少身体的能量消耗，缓解人们的紧张情绪。这种方法简单易行，但并非所有的紧张都可以用深呼吸来缓解。

该放下时就放下

认识情绪

> 遇到一件事，如果你总是绷得紧紧的，很容易像弓一样折断；如果你把它放松了，要使用时就能顶用。

有一个小矿工被要求去买食用油。离开前，厨师交给他一个大碗，并告诫他："一定要小心！我们最近财务状况不是很好，你绝对不可以把油洒出来。"

小矿工答应后就下山赶往城里，到厨师指定的店里买油。在回矿山的路上，他想到厨师凶恶的表情和严重的告诫，越想越觉得紧张。于是，他小心翼翼地端着装满油的大碗，一步一步地走在山路上，丝毫不敢左顾右盼。

不幸的是，快到厨房时，由于没往前看路，小矿工踩到一个坑里。虽然没有摔倒，却洒掉了 1/3 的油。小矿工紧张得手发抖，连碗都端不稳。到厨房时，碗中的油只剩了一半。

厨师非常生气，他指着小矿工破口大骂："你这个笨蛋！我不是说要小心吗？为什么还浪费这么多油，真是气死我了！"

小矿工听了很难过，开始掉眼泪。另外一位老矿工听到后，跑过来问。在了解了事情的经过后，他安抚厨师的情绪，并私下对小矿工说："我再派你去买一次油。这次我要你在回来的途中，多观察你看到的人和事物，到时候给我做一个报告。"

小矿工本想推掉这个任务，但在老矿工的坚持下，他还是勉强上路了。

在回来的途中，小矿工发现，其实山路上的风景很美，远方有雄伟的山峰，近处有农夫在梯田里耕种。走了不久，又看到一群孩子在路边的空地上玩得很开心，还有两位老先生在下棋。

如此边走边看风景，不知不觉就回到了矿上。当小矿工把油交给厨师时，发现碗里的油装得满满的，一点都没有损失。

这虽然只是一个故事，却告诉我们：遇到一件事，如果你总是绷得紧紧的，很容易像弓一样折断；如果你把它放松了，要使用时就能顶用。

现代社会，激烈的竞争让人感到一种无形的精神压力和难以摆脱的紧张感。人们没有时间放松自己，也不敢放松自己。但是，人的精神如弦一样，如果总是绷得紧紧的，就容易崩溃。所谓"文武之道，一张一弛"，说的就是这个道理。

有些事情，该放下时就放下。善于控制自己情绪的人，无论工作多么紧张，都会找个时间到乡村度假。他们去的时候又累又紧张，回来的时候，却可以愉快地投入下一周的忙碌工作。这就是学会放下的好处。

回归自然是一种放松身心的好办法，很多人虽然向往，却不敢放下手中的工作，担心自己一走就会出乱子，从而失去与自然亲密接触的机会。

事实上，工作是永远做不完的，不能因为一点点工作没干完，就放弃休息。只要你提高效率，先处理最重要、最紧急的事情，时间就可以挤出来。既懂得高效工作，又懂得放松的人，才是最值得我们学习的人。

|情|绪|控|制|术

即便你身负重要的责任，也要知道在什么时候卸下这些责任。要想缓解甚至消除紧张情绪，该放下时就一定要放下。